陕西师范大学优秀学术著作出版资助

陕西省重点研发计划"基于水气协同调控的作物高效绿色生产关键技术研发与示范推广（2022NY-191）"研究成果

国家自然科学基金青年科学基金项目"土壤气体调控对土壤有机碳周转的影响及其驱动机制（41807041）"研究成果

土壤气体
管理理论与实践

李　元◎著

陕西师范大学出版总社　西安

图书代号 ZZ24N2122

图书在版编目（CIP）数据

土壤气体管理理论与实践 / 李元著. -- 西安：陕西师范大学出版总社有限公司，2024.10. -- ISBN 978-7-5695-4624-8

Ⅰ. S152.6

中国国家版本馆CIP数据核字第 2024P9J686 号

土壤气体管理理论与实践

TURANG QITI GUANLI LILUN YU SHIJIAN

李 元 著

选题策划	曾学民
责任编辑	杨 凯
责任校对	宋丽娟
封面设计	鼎新设计
出版发行	陕西师范大学出版总社
	（西安市长安南路 199 号　邮编 710062）
网　　址	http://www.snupg.com
经　　销	新华书店
印　　刷	西安报业传媒集团（西安日报社）
开　　本	787 mm×1092 mm　1/16
印　　张	13
字　　数	264 千
版　　次	2024 年 10 月第 1 版
印　　次	2024 年 10 月第 1 次印刷
书　　号	ISBN 978-7-5695-4624-8
定　　价	65.00 元

读者购书、书店添货或发现印刷装订问题，请与本社高等教育出版中心联系。
电　话：(029) 85307864　85303622（传真）

前言
preface

　　党的二十大报告明确提出全面推进乡村振兴，强化农业科技和装备支撑。这是党中央对加快农业科技进步、实现农业高水平科技自立自强的重要战略部署。在我国"人多地少"的基本国情下，农业供给长期处于"紧平衡"状态。深入实施"藏粮于地、藏粮于技"战略，是确保作物产能稳定的重要措施。

　　在农业生产中，水肥管理是保障作物稳产的基础。然而，目前普遍存在过度灌溉和大量施用化肥等问题。过度灌溉会驱排土壤孔隙间的气体，导致土壤孔隙间气体扩散和交换受阻，致使作物根系长时间处于厌氧环境中；另外，过量施肥、少耕或农业机械的反复碾压也会破坏土壤团粒结构，引起土壤板结，阻碍作物根区土壤孔隙间气体的交换。当作物根系无法得到充足的氧气，或长期处于厌氧环境中时，作物根系对水分和养分的吸收以及这些成分在植株体内的运输会受到影响，进而会导致植株体内激素含量和酶活性的改变。这些问题不仅造成水资源浪费和土壤环境污染，还会导致作物产量和品质的下降。因此，改善作物根区土壤孔隙间的氧浓度对提高作物产量和品质具有重要意义。

　　本书是在陕西师范大学优秀学术著作出版基金、陕西省重点研发计划"基于水气协同调控的作物高效绿色生产关键技术研发与示范推广（2022NY-191）"、国家自然科学基金青年科学基金项目"土壤气体调控对土壤有机碳周转的影响及其驱动机制（41807041）"等资助下，围绕土壤孔隙间气体调控的技术及其效益开展的相关研究。全书共分为十个章节。第一章和第二章，为本著作的研究总论，全面阐述土壤孔隙间气体的产生、传输及其主要影响因素以及作物根区增氧技术的研究背景；第三章至第八章，探讨了加气频率、加气量、灌水上限、滴灌带埋深、土壤盐分等对土壤酶活性、植株生长、光合作用、作物产量及品质的影响，分析了加气灌溉增加作物产量、改善品质的机理。评估了根区加气技术下不同技术参数下作物的经济效益；第九章，聚焦土壤气体调控技术在土壤有机碳周转领域的研究，丰富并完善了现阶段土壤碳循环研究的理论体系；第十章，为本著作内容的总结与展望，对研究所得的重要结论进行提炼，归纳创新点，提出后续研究中需要进一步开展的工作内容。

笔者由衷感谢陕西师范大学优秀学术著作出版基金、陕西省重点研发计划、国家自然科学基金青年科学基金的资助！感谢陕西师范大学曹小曙教授和西北农林科技大学水土保持研究所牛文全教授在工作中的协作与支持，对深入探究土壤气体调控技术以及加气灌溉领域的理论与实践问题起到了重要的推动作用！感谢张明智、王京伟、谭晖、许健在田间试验、文献整理方面的辛勤付出，为本书提供了丰富的实证案例和理论支撑！感谢聂鑫宇同学对本书校对工作的付出。特别感谢严蕾老师在资料整理中给予的帮助。同时，感谢陕西师范大学出版总社为此书出版付出的辛勤劳动！

由于笔者水平有限，在成书的过程中，尽管我们做了很大努力，但难免还有不足之处，恳请读者批评指正。

李元

2024 年 5 月

目 录
contents

第一章
土壤孔隙间气体的产生与传输及
其主要影响因素

1.1 土壤孔隙间气体的主要特点

1.1.1 土壤孔隙间气体的组成

土壤孔隙间气体主要包括氮气（N_2）、氧气（O_2）、二氧化碳（CO_2）和气态水。除此之外，还可能存在甲烷（CH_4）、一氧化氮（NO）和氨气（NH_3）等。气体种类和浓度受多方面环境因素的影响，主要包括土壤类型、季节、湿度、温度、微生物和土壤动物等。与大气相比，土壤中气体组成及各组分浓度变异性较大，其组成及浓度主要取决于微生物和植物根系的呼吸速率及CO_2和O_2在水中的溶解度，以及土壤与大气之间的气体交换速率等[①]。

1.1.2 土壤孔隙间气体的主要特点

1.1.2.1 高 CO_2 浓度低 O_2 浓度

土壤孔隙间气体的组成与大气中的气体存在明显差异，主要是受土壤中的物理、化学和生物过程影响所致。土壤孔隙间气体最初来自大气，在进入土壤后，经过一系列复杂的作用，其组成发生了显著变化。

土壤孔隙间的O_2含量通常低于大气中的O_2含量，一般情况下，大气中O_2的体积分数接近21%，而土壤孔隙中O_2的体积分数在18%~20%之间。造成土壤孔隙间O_2含量低于大气的主要原因是土壤微生物活动和有机质分解消耗大量O_2。此外，土壤动物呼

---

①李天来，陈红波，孙周平，等.根际通气对基质气体、肥力及黄瓜伤流液的影响[J].农业工程学报，2009（11）：301-305.

吸、植物根系呼吸、种子萌发以及与氧化还原相关的化学反应也会消耗O_2[①]。

土壤孔隙间的CO_2浓度通常高于大气中的CO_2浓度。在近地表的大气中，CO_2的体积分数约为0.03%，而土壤孔隙中的CO_2体积分数一般在0.15%~0.65%之间，特殊情况下甚至可以超过1%。

1.1.2.2 高水汽含量

土壤孔隙间水汽含量高于大气的现象是由于土壤的特殊性质所导致的。土壤是由固体颗粒、液态水和气体组成的复杂介质。微生物在土壤中进行代谢活动时，会产生水分，并将其释放到土壤孔隙中[②]。由于土壤颗粒之间存在着微小的间隙，这些间隙可以容纳水分子。在土壤中，水分既能够以液态形式存在于孔隙中，也能够以气态形式存在于孔隙间。此外，土壤中的微生物和土壤动物的活动也会释放水分到土壤孔隙中。这些微生物包括细菌、真菌和其他微生物，它们通过分解有机物质来获取能量，并在这个过程中释放水分。土壤动物也会对土壤孔隙中的水汽含量产生影响。蚯蚓、蚂蚁等土壤动物在土壤中活动时，移动并混合了土壤颗粒，从而增加了土壤孔隙的数量和大小，进一步增加了土壤孔隙中的水汽含量[③]。

1.1.2.3 气体浓度的高变异性

土壤孔隙间气体组成及其浓度是一个动态变化的过程，与大气相比，土壤孔隙中的气体具有更大的变异性，包括时间和空间上的变异。一般来说，土壤孔隙间的气体组成与大气的组成差异在地表附近较小，随土壤深度增加差异逐渐增大[④]。由于微生物分解代谢土壤中的有机物产生CO_2，并释放到土壤孔隙中，通常随土壤深度的增加，土壤中CO_2浓度增加，O_2浓度则会降低。同时，土壤孔隙间的O_2供应受到限制，氧浓度逐渐降低。一般来说，土壤孔隙中的CO_2和O_2浓度呈相互消长的关系，即CO_2浓度

---

①BEN-NOAH I，FRIEDMAN S P. Review and evaluation of root respiration and of natural and agricultural processes of soil aeration[J]. Vadose Zone Journal，2018，17（1）：170119.

②汪久翔，邹冬生，王华，等. 不同土壤湿度下平菇菌渣施用对土壤酶活性和温室气体排放的影响[J]. 土壤通报，2023，54（01）：151-160.

③PEACH M E，PRIES C，FRIEDLAND A J. Plants and earthworms control soil carbon and water quality trade-offs in turfgrass mesocosms[J]. Science of The Total Environment，2021，753：141884.

④李艳花，赵景波. 西安南郊不同深度土壤CO_2浓度变化研究[J]. 干旱区资源与环境，2006（02）：124-128.

增加时，O_2 浓度会相应降低。然而，总体上来说CO_2 和O_2 的总体积分数仍然保持在19%~22%之间。此外，土壤孔隙间的气体组成还受到其他因素的影响，如土壤湿度、温度和土壤微生物的活动[1]。

1.1.3　土壤导气率

土壤导气率是指土壤中气体在单位时间内通过单位面积的能力，是评价土壤孔隙结构和通气性能的重要指标之一。它反映了土壤中孔隙的连通性和通气能力，对土壤中O_2 的供应和CO_2 的排放起着重要作用。土壤导气率的大小与土壤孔隙结构密切相关。当土壤孔隙较大、连通性好时，土壤导气率较高，气体能够更容易地在孔隙中流动。相反，当土壤孔隙较小、连通性差时，土壤导气率较低，气体的流动则受到限制。土壤导气率对土壤生态系统和植物生长发育具有重要影响。较高的土壤导气率可促进土壤中O_2 的供应，有利于植物根系的呼吸和生长，同时也有利于土壤中CO_2 向大气排放，防止CO_2 在土壤中积累过多，对植物生长产生不利影响[2]。

1.1.3.1　土壤导气率的计算方法

导气率是土壤中气体传输的重要参数，与土壤孔隙结构和水分分布密切相关[3]。土壤质地、容重、土壤结构、含水量、温度、结皮、碎石含量、土壤改良剂和植被根系等因素都会影响土壤的导气率。砂土的导气率一般高于壤土和黏土，因为砂土具有更多的大孔隙，小孔隙较少。土壤容重的增加会降低总孔隙度和大孔隙数量，从而导致导气率下降。土壤结构影响孔隙的数量、分布、方向和连通性，对导气率均有显著影响。土壤含水量的增加会减少气体传导的孔隙，导致导气率降低。温度的变化会改变气体含量和黏滞系数，从而影响导气率。碎石的存在可以改善土壤结构，提高导气率。植被根系密度的增加也会提高导气率[4]。

①梁蕾，马秀枝，韩晓荣，等.模拟增温下凋落物对大青山油松人工林土壤温室气体通量的影响[J].生态环境学报，2022，31（03）：478-486.

②YILING L，TIANLAI L，ZHOUPING S，et al. Effects of rhizosphere CO_2 concentration on plant growth and root nitrogen metabolism of muskmelon[J]. Scientia Agricultura Sinica，2010（11）：2315-2324.

③关笑坤，王蓉.影响土壤中二氧化碳浓度分布的因素分析[J].地下水，2014（03）：18-20.

④朱一，李晓龙，吴喆，等.生物质炭对不同植被类型土壤温室气体排放影响研究进展[J].土壤，2023，55（02）：234-244.

土壤导气率的测定方法有多种，常用的方法包括气体渗透法、气体扩散法、压力板法等。气体渗透法是通过将气体注入土壤中，测定气体在土壤中的渗透速度来计算土壤导气率。气体扩散法则是通过测定气体在土壤中的扩散速度来计算土壤导气率。压力板法是利用压力差来测定土壤导气率。在土壤表面放置一个已知面积的压力板，然后在压力板上施加一定的压力，测量土壤中的气体流量，根据压力差和气体流量的关系计算土壤导气率。

1.1.3.2 土壤导气率的影响因素

（1）土壤质地对土壤导气率的影响。不同土壤质地会导致土壤孔隙含量和大小孔隙比例的差异，进而影响土壤的导气率。通常情况下，黏土含量高的土壤具有较低的导气率和导水率，而砂质土壤具有较高的导气率和导水率。这是因为粘土颗粒之间的结合力较大，导致孔隙度较低，难以通气和渗透[1]。相反，砂质土壤颗粒之间的结合力较小，孔隙度较高，有利于气体和水分的传输[2]。

（2）土壤容重对土壤导气率的影响。土壤容重的增加会导致土壤总孔隙度减小，并且大孔隙的减少程度更大，从而降低了土壤的导气率。因此，随着土壤容重的变化，土壤的导气率也会随之变化。

（3）土壤结构对土壤导气率的影响。良好的土壤结构能够形成稳定的土壤团聚体，增加孔隙度和通道的连通性，有利于气体和水分的传输。一般情况下，人们会比较原状土和扰动土的导气率，以分析土壤结构对导气率的影响。由于扰动土破坏了土壤结构，导致大孔隙数量减少并改变了土壤孔隙之间的连通性，通常原状土的导气率高于扰动土。

（4）土壤含水量对土壤导气率的影响。土壤孔隙间存在气体和水分。当土壤含水量增加时，水分会占据土壤孔隙中原本用于气体传导的空间，导致土壤通气状况受阻。因此，土壤的导气率通常会随着土壤含水率的增加而降低。

---

①XU H W，QU Q，CHEN Y H，et al. Responses of soil enzyme activity and soil organic carbon stability over time after cropland abandonment in different vegetation zones of the Loess Plateau of China[J]. Catena，2021，196.

②王卫华，王全九，张志鹏.流域尺度土壤导气率空间分布特征与影响因素分析[J].农业机械学报，2014（07）：118−124.

（5）土壤温度对土壤导气率的影响。温度的变化会影响气体含量和黏滞系数，从而对导气率产生影响。一般来说，随着温度的升高，导气率会增加。对比玉米地和果树地的表层土壤导气率的日变化特征，结果显示导气率的变化与气温的变化趋势比较一致[①]。因此，可以认为表层土壤导气率与气温密切相关。

（6）土壤结构改良剂对土壤导气率的影响。目前已经开发出多种不同类型的土壤结构改良剂，不同性质的改良剂对土壤的理化性质产生不同的影响，进而对土壤孔隙状况的改变程度也不同。有研究表明，施加改良剂后的土壤导气率总体上高于未施加改良剂的土壤[②]。

（7）土壤结皮对土壤导气率的影响。土壤结皮的形成会改变土壤孔隙的分布，减少土壤中的大孔隙数量，从而导致土壤的导气率降低。同时，随着结皮生长年份的增加，结皮层的厚度也会增加，进而导致土壤的导气率进一步降低。

1.2 土壤中气体的产生过程

1.2.1 土壤呼吸

1.2.1.1 土壤呼吸的概念

呼吸是细胞内发生的一系列代谢过程，通过这些过程将有机分子分解（异化），释放出能量、水和CO_2。所有生物都通过类似的呼吸途径获得生命活动所需的能量，同时释放CO_2。呼吸作为生物能学的重要组成部分，通常在生物化学和细胞学水平上研究能量供应。现阶段，对土壤呼吸的研究主要与CO_2和O_2的交换有关。

土壤呼吸，是指土壤中的植物根系、食碎屑动物、真菌和细菌等进行新陈代谢活动，消耗有机物，产生CO_2的过程。土壤呼吸的严格意义是指未扰动土壤中产生CO_2的所有代谢作用。包括三个生物学过程，即土壤微生物呼吸、根系呼吸和土壤动物呼吸，以及一个非生物学过程，即含碳矿物质的化学氧化作用。土壤呼吸的复杂性主要与微生物群落的组成和水分含量等因素有关。微生物群落的组成影响着生物化学途径的进程，从而影响土壤呼吸的水平。此外，土壤水分含量对土壤呼吸的影响较大，因

---

①王卫华，王全九.土壤导气率日变化特征分析[J].灌溉排水学报，2011，30（06）：25-30.

②王卫华，李建波，苏李君等.基于土壤物理基本参数的土壤导气率推求模型[J].农业机械学报，2015，46（03）：125-130.

为过高或过低的含水量都会抑制土壤呼吸的发生。土壤呼吸和植物的光合作用与大气中的CO_2浓度密切相关，它们对温度的响应也不同，土壤呼吸对温度变化的敏感性更高[①]。在自然条件下，随温度升高，土壤呼吸速率增加，而光合作用在超过最适温度后会下降，导致在高温下生态系统的碳排放量大于碳固定量。因此，即使是微小的土壤呼吸变化也可能对全球气候变化产生显著作用，并对全球碳收支平衡产生重要影响，同时还会影响未来大气中CO_2浓度的变化。

土壤呼吸是土壤通气的主要机制之一，反映了土壤的生命力和肥力。在陆地生态系统碳循环中，土壤呼吸扮演着关键的角色，因为它是将植物光合作用固定大气中CO_2返回大气的主要途径。据估计，全球土壤呼吸量达到了 50~75 Pg C·a^{-1}，仅次于全球总初级生产力，高出年平均净初级生产力约24%，同时其也远高于平均化石燃料释放碳量（5.4 Pg C·a^{-1}）。故土壤呼吸的微小变化也会改变大气中CO_2浓度，从而对大气温室效应产生重要影响。

土壤呼吸几乎是陆地生态系统中土壤和大气之间CO_2交换的唯一途径，直接决定了土壤中碳元素的周转速率。深入了解土壤呼吸及其多个影响因素是了解土壤碳循环及其对全球气候变化影响的关键。从技术上说，土壤中CO_2的产生速率无法在野外直接测量，通常是在土壤表面进行测量，以定量反映CO_2从土壤释放到大气中的速率。瞬时的土壤CO_2释放速率不仅受到土壤呼吸速率的控制，而且还受CO_2沿土壤剖面和在土壤表面的传输的影响。CO_2的释放速率受土壤和大气之间O_2浓度梯度的影响，以及土壤孔隙度、风速等因素的影响。此外，由于土壤中存在各种生物过程，会产生不同类型的温室气体，包括CO_2、N_2O和CH_4等。这些温室气体通过扩散或对流与大气交换，进一步影响土壤气体的更新和对大气的贡献，从而影响地球的气候变化。

1.2.1.2 与土壤呼吸相关的指标

（1）土壤呼吸强度（Soil Respiratory Intensity，SRI），是指在单位面积土壤上，在单位时间内释放出来的CO_2数量，常用单位为mg C/（m^2·h），其也被称为土壤呼吸速率或土壤呼吸通量。在培养实验中，为了方便表示，常使用mg CO_2/（kg·d）等

---

① KHAN M I，HWANG H Y，KIM G W，et al. Microbial responses to temperature sensitivity of soil respiration in a dry fallow cover cropping and submerged rice mono-cropping system[J]. Applied Soil Ecology，2018，128：98-108.

单位。这一指标通常被用来衡量土壤生态系统的活性水平和碳循环的速度，能够为土地管理和生态保护提供重要的参考依据。

（2）呼吸商（Respiratory Quotient，RQ），也叫呼吸系数，是指在一定时间内，一定面积土壤上产生CO_2的容积与消耗O_2的容积之比。RQ是一个重要的生态指标，通常用于评估土壤微生物代谢的基础功能和活跃程度。RQ接近于1，表示土壤通气良好，O_2充足，呼吸作用进行正常。与此相反，RQ偏离1，表明土壤的呼吸活动面临着某些不良因素的干扰，如压实、污染等，这些也是土地管理和保护中需要注意的问题。

（3）土壤氧扩散率（Oxygen Diffusion Rate，ODR），是指在单位时间内，通过单位面积土壤的O_2质量。通常用氧扩散仪来测量ODR。测量过程中，需要将电极插入土壤，在两极施加一定电压，当扩散到铂电极表面的O_2被还原时，将会产生与O_2分压成正比的电流，通过电流值即可得出土壤氧扩散率。ODR值反映了土壤通气质量，对于植物生长和土地的利用具有重要意义。例如，当ODR小于20×10^8 g/（min·cm^2）时，大多数植株的生长会受到限制。因此，在土地管理和植物栽培中，需要调节和控制和维护合适的土壤通气条件，以保障植物的正常生长和发育。

（4）土壤氧化还原电位（Eh），它是反映土壤化学环境的重要指标之一。Eh值与土壤通气性密切相关，通气性好的土壤具有良好的氧化性，而通气性不良的土壤则具有较强的还原性。因此，可以通过测量土壤的氧化还原状况来评估土壤的通气性。对于旱地来说，一般认为适宜的土壤Eh值为200~700 mV。了解土壤Eh值的含义及其与土壤通气性的关系，对于制定土地管理策略和实施土地生态保护措施具有重要的指导意义。

（5）根系呼吸（Root Respiration，RS），是指植物的根部吸入O_2并产生CO_2的过程。在光合作用期间，植物通过吸收CO_2并释放O_2来实现自养。而在夜间或光合作用受限的时候，植物会通过根系呼吸来吸入O_2并产生CO_2以维持生命活动的进行。根系呼吸有助于维持植物体内的呼吸代谢平衡，并为土壤呼吸和生态系统碳循环等过程提供碳源。

1.2.2　影响土壤呼吸的主要因素

土壤呼吸是一个生态系统过程，土壤通过根系呼吸、微生物对凋落物和土壤有机质分解以及动物呼吸而从土壤中释放CO_2[1]。在过去几十年中，土壤呼吸的研究十分活跃。一方面是因为土壤呼吸是生态系统生态学中了解得最少的主题之一；另一方面，土壤呼吸是陆地生态系统与大气之间碳循环的第二大通量。作为生态系统的关键过程之一，土壤呼吸与生态系统生产力、土壤肥力以及区域和全球的碳循环密切相关。由于全球碳循环调控着气候变化，因此，土壤呼吸也与气候变化、碳交易及环境政策有关。近年来，土壤呼吸已成为一个多学科交叉的研究主题，不仅受到生态学家、土壤学家、微生物学家和农学家的关注，而且也受到大气学家、生物地球化学家、碳交易者和政策制定者的关注。我们希望能够激发来自不同学科的学生、科学家、环境管理者和政策制定者对土壤孔隙间气体的广泛兴趣。

1.2.2.1 土壤温度对土壤呼吸的影响

土壤温度是陆地生态系统中最活跃的影响因素之一，也是决定陆地碳循环过程的关键因素之一[2]。早在19世纪末，人们就已经认识到土壤温度是土壤呼吸的主要驱动因子之一。土壤温度对土壤呼吸的影响主要通过微生物的活性以及根系生长发挥作用。一般而言，微生物生活的最适宜土壤温度在25~35 ℃之间，27 ℃活性最佳，40 ℃以上其活性显著降低。理论上，随着土壤温度升高，土壤微生物的活性增强，土壤呼吸量也随之增大。然而，如果土壤温度过高，则会限制土壤微生物的活性，土壤的呼吸量反而会下降。此外，有些土壤呼吸的季节动态与土壤温度的变化并不完全同步。因此，探讨土壤呼吸对土壤温度变化的响应强度及其机制，对于了解未来气候的变化趋势与陆地生态系统的源汇功能，揭示失踪的碳汇之谜有着极其重要的意义。至今为止，土壤温度对土壤呼吸的影响仍然是研究的热点[3]，但关于用何种形式来描述土壤呼吸与土

①WEI Z，WANG J J，FULTZ L M，et al. Application of biochar in estrogen hormone-contaminated and manure-affected soils：Impact on soil respiration，microbial co mmunity and enzyme activity[J]. Chemosphere，2021，270.

②KHAN M I，HWANG H Y，KIM G W，et al. Microbial responses to temperature sensitivity of soil respiration in a dry fallow cover cropping and submerged rice mono-cropping system[J]. Applied Soil Ecology，2018，128：98-108.

③KARHU K，AUFFRET M D，DUNGAIT J，et al. Temperature sensitivity of soil respiration rates enhanced by microbial co mmunity response[J]. Nature，2014，513（7516）：81.

壤温度之间的关系仍存在一些争议[①]。

1.2.2.2 水分对土壤呼吸的综合影响

在土壤系统中，土壤可以看作是一个固、液、气三相共存的复杂系统，其中的土壤孔隙由水分和空气所占据。土壤水分通过影响植物和微生物的生理活动、土壤通透性等影响土壤呼吸。在不同水分条件下，土壤微生物的活性及土壤还原性质不同，导致土壤的呼吸速率也不同。在水分过多的情况下，土壤呼吸速率减缓，导致土壤呼吸通量降低。在干旱状况下，由于水分缺乏，土壤微生物活动减弱，土壤呼吸速率同样会降低[②]。此外，水分通过影响土壤气体含量，进而影响土壤氧化还原和微生物活性等指标，最终影响土壤呼吸。

1.2.2.3 土壤养分对土壤呼吸的影响

土壤有机质是微生物进行分解活动释放CO_2的物质基础，也是陆地生态系统中最大的碳库，因此对土壤呼吸起着至关重要的作用。研究表明，土壤持水量、有机质含量、速效氮含量等理化因素会影响土壤呼吸[③]。土壤中氮元素的含量变化可能会影响微生物活性，微生物活性的变化进而会影响到其呼吸，最终影响到土壤CO_2的排放，可利用氮素含量增加会促进土壤呼吸[④]。

1.2.3 CO_2在土壤中的产生过程

土壤呼吸在全球生态系统扮演重要角色，是碳循环中的关键环节。土壤作为重要的碳库，储存的碳量约是全球植物碳量的3倍，大气碳量的2倍[⑤]。这意味着即使土壤碳库的微小变化也可能对大气中的CO_2浓度产生巨大影响。在植物-土壤系统中，土壤

---

①刘辉，牟长城，吴彬，等.黑龙江帽儿山温带森林类型土壤非生长季温室气体排放特征[J].林业科学，2020，56（10）：11-25.

②吕海波.湿地土壤气体排放对水位变化响应的持续性动态特征[J].干旱区地理，2022，45（03）：860-866.

③KHAN M I，HWANG H Y，KIM G W，et al. Microbial responses to temperature sensitivity of soil respiration in a dry fallow cover cropping and submerged rice mono-cropping system[J]. Applied Soil Ecology，2018，128：98-108.

④杨慰贤，覃锋燕，刘彦汝，等.粉垄耕作与氮肥减施对木薯地土壤温室气体排放及土壤酶活性的影响[J].南方农业学报，2021，52（09）：2426-2437.

⑤尹晓雷，李先德，林少颖，等.不同轮作模式下土壤细菌群落特征及其对土壤全碳、全氮与温室气体释放潜力影响[J].环境科学学报，2021，41（12）：5161-5173.

呼吸主要包括根系呼吸和微生物呼吸。微生物呼吸分为植物来源物质和土壤有机质分解两部分。根际呼吸的原料主要来源于植物光合作用，将光合作用固定的大气CO_2再次释放到大气中进行碳循环，不会增加大气中CO_2浓度。土壤微生物呼吸是大气中CO_2的源，其变化会影响大气中CO_2的浓度。

在自然条件下，植物通过光合作用将太阳能转化为有机物中的化学能，并输入到土壤中，从而增加土壤腐殖层厚度和有机质含量，进而增加土壤碳库。然而，在农田土壤系统中，作物的收获和人为干扰的影响导致作物残体无法保留在土壤中，使得作物生长对土壤有机碳库的影响变得复杂[①]。过度使用化肥被普遍认为会降低土壤有机质含量，并加速土壤碳的释放。此外，作物生长会影响土壤的物理、化学和生物学性质，进而影响土壤原有有机质的分解速率。因此，我们应该重视植物生长对土壤碳库的影响。

1.2.4 N_2O 在土壤中的产生过程

N_2O是一种重要的温室气体，其来源广泛且难以控制。它的单个分子的增温效应极强，在大气中的寿命也较长，对臭氧层有一定的破坏性。在农田土壤方面，作物种类和施肥管理等因素都会对N_2O排放量产生影响。了解作物生长对土壤N_2O排放的影响机理和影响因素，有助于合理调控农业生产中的土壤温室气体排放，对环境保护和人类健康有着重要的意义。在反硝化过程中，一些特殊的细菌也会产生N_2O。除微生物作用，土地利用方式、自然因素和人类活动也会影响土壤N_2O排放。

1.2.4.1 硝化作用

硝化作用是指氨基酸脱下的氨，在有氧的条件下，经亚硝酸细菌和硝酸细菌的作用转化为硝酸的过程，其中NH_4^+被氧化为NO_3^-。硝化作用分为两个步骤：氨氧化和亚硝酸氧化。在氨氧化阶段，氨氧化细菌（如亚硝酸细菌）将氨氮（NH_4^+）氧化为亚硝酸根（NO_2^-）。这个过程是通过氨氧化细菌中的氨氧化酶来催化的。在亚硝酸氧化阶段，硝酸细菌将亚硝酸进一步氧化为硝酸盐。这个过程是通过硝酸细菌中的硝酸氧化酶来催化的。硝化作用是土壤中的重要过程，它将氨氮转化为硝酸盐，提供了植物吸收氮的

---

①任涛，李俊良，张宏威，等. 设施菜田土壤呼吸速率日变化特征分析[J]. 中国生态农业学报，2013，21（10）：1217-1224.

主要形式。此外，硝化作用还可以影响土壤中的氮素循环和氮素的利用效率。

1.2.4.2 反硝化作用

反硝化作用是指反硝化细菌在缺氧条件，土壤中的硝酸盐被还原成氮气（N_2）或一氧化氮（N_2O）的过程。土壤生物反硝化作用是土壤N_2O排放的主要来源，它是微生物在无氧或微量氧供应下进行的硝酸盐呼吸过程。反硝化是土壤氮素转化的重要过程，其中反硝化微生物将NO_3^-、NO_2^-或N_2O作为呼吸过程的末端电子受体，并将其还原为NO_2^-、NO、N_2O或N_2。土壤反硝化作用需要同时满足以下几个条件：存在具有代谢能力的反硝化微生物、电子供体、厌氧条件或氧的有效性受限制、有氮的氧化物作为末端电子受体。

1.2.5 影响土壤 N_2O 排放的因素

1.2.5.1 水分对 N_2O 排放的影响

土壤水分是土壤固、液、气三相中的重要组成成分。水分含量的高低会影响土壤通气性和氧化还原性，并进而影响硝化或反硝化的方向。当土壤水分过多时，土壤通气性差，主要进行反硝化作用，产生N_2O；而当土壤水分过少时，土壤处于好氧状态，主要进行硝化作用，N_2O的排放较少。

土壤水分影响N_2O的扩散与传输。土壤吸水湿润时，会导致孔隙闭塞，不利于N_2O的扩散和传输；而土壤脱水干燥则会加快N_2O的扩散和传输。另外，土壤水分还具有一定的N_2O的溶解能力，N_2O溶解在土壤水中可以进入水体或者蒸发后进入大气。

水分影响氮素形态和有机氮的矿化与腐殖化过程，进而影响硝化、反硝化过程和N_2O的排放。在一定范围内，硝化速率随着水分的增加而增。研究表明，在50%~60%土壤持水量时，硝化速率最大[①]。因此，合理调控土壤水分含量是减少农田N_2O排放的重要措施之一。

1.2.5.2 土壤质地对 N_2O 排放的影响

土壤质地通过影响通透性和水分含量来影响土壤中的硝化和反硝化作用的强度及N_2O在土壤中的扩散速率。现有研究表明，在壤质土壤中，N_2O的排放量比砂质土壤和

---

①李靳，康荣华，于浩明，等.土壤水分对土壤产生气态氮的厌氧微生物过程的影响[J].应用生态学报，2021，32（06）：1989-1997.

黏质土壤高[①]。这表明土壤质地是影响土壤N_2O排放的重要因素之一。

1.2.5.3 土壤 pH 对 N_2O 排放的影响

土壤pH对土壤微生物数量和种类有着显著的影响，并对硝化和反硝化作用产生影响。一般来说，在反硝化作用中最适宜的pH为8，在中性土壤中，反硝化作用主要产生N_2。然而，当pH降低时有利于N_2O的释放，且反硝化作用产生的N_2O比例也会增加。在酸性土壤中，N_2O成为反硝化作用的主要产物，N_2O/N_2比例随pH降低而增加。

对于硝化作用而言，在pH为3.4~8.6的范围内，土壤N_2O排放与pH呈正相关关系。研究表明，在干旱和半干旱地区的小麦田间实验中，土壤深度为5~10 cm和10~20 cm的pH与土壤N_2O排放呈显著负相关关系。此外，pH也对森林土壤中的N_2O排放产生明显影响[②]。

1.2.5.4 土壤有机质对 N_2O 排放的影响

土壤中的有机质在植物生长过程中不仅提供氮源，还充当碳源和能源，并通过呼吸作用消耗土壤中的O_2。添加有机碳后，土壤中的硝化作用减弱，反硝化作用增强，且反硝化速率与土壤中的总碳含量呈正相关[③]。此外，水溶性碳或可矿化碳与反硝化速率的相关性更加密切。因此，控制土壤中的有机碳含量和有机质分解速率对于减少氧化亚氮的排放具有重要意义。

1.3 气体由土壤向大气的传输过程

土壤中气体传输与许多环境、生态、农业和生物问题密切相关。土壤中，植物和微生物需要通过O_2呼吸。同时，许多化学反应也需要气体参与，例如CH_4氧化反应需要O_2。此外，在受污染土壤中，挥发性有机物质的传输和去除也是需要气体传输的。气体在土壤中传输主要分为两种物理过程：浓度梯度作用下的气体扩散和压力梯度作用下的气体传输。这两个过程有时是独立的，有时会同时发生。

---

①郎漫，李平，魏玮. 不同质地黑土净氮转化速率和温室气体排放规律研究[J]. 农业环境科学学报，2020，39（02）：429-436.

②丁驰，雷梅，甘子莹，等. 间伐和施肥对杉木人工林土壤温室气体排放的影响[J]. 生态学杂志，2022，41（06）：1056-1065.

③SCHMIDT M W I，TORN M S，ABIVEN S，et al. Persistence of soil organic matter as an ecosystem property[J]. Nature，2011，478（7367）：49-56.

1.3.1　土壤孔隙间气体的扩散

气体扩散作用是土壤孔隙气体和大气进行气体交换的主要机制。气体分子一般会由高浓度区域向低浓度区域扩散。通常，土壤孔隙间O_2浓度比大气低，而CO_2浓度比大气高，造成了土壤孔隙气体和大气之间的O_2和CO_2分压差，导致CO_2总是从土壤扩散到大气中，而O_2则从大气扩散到土壤中。这使得土壤不断向大气排放CO_2，同时从大气中吸收O_2。

1.3.2　土壤与大气间的整体交换

土壤气体整体交换是在一定土壤与大气间的总压力梯度驱动下，大气整体进入或排出土壤的现象。大气会从高压区向低压区流动，许多因素导致土壤与大气之间的压力差，引起土壤孔隙间气体与大气之间的整体交换。这些因素包括大气气压变化、温度梯度变化、地面风力等。当大气压上升时，一部分大气会进入土壤，大气压下降时，土壤孔隙间气体膨胀，进入大气中。当土壤温度高于大气温度时，土壤孔隙间气体受热上升，扩散到地表大气中。灌溉或降雨过程中，也可导致土壤孔隙间气体的整体交换。当土壤含水量增加时，土壤孔隙被水分占据，从而将土壤孔隙间气体排出孔隙之外，当土壤含水量减少时，大气又进入土壤孔隙中。人类活动也影响土壤孔隙间气体的整体交换。例如，翻耕松土可以增加土壤孔隙间气体。人畜和农机具的踏压则减少了土壤孔隙度，减少土壤孔隙间气体。

土壤中气体的通量受到土壤孔隙间的气压、气压差和导气率的影响。在近地面，由于表面气体运动产生的压力影响，土壤气体与大气之间的交换会发生变化。此外，气温、灌溉、排水和农业耕作等措施会改变大气和土壤的温度以及土壤内部气体压力分布，从而对土壤气体的流动产生影响[①]。导气率表证了土壤的导气特性，并与充气孔隙的数量和联通性密切相关。因此，影响土壤充气孔隙特征的因素都会影响土壤气体的运动。由于土壤孔隙间气体与近地大气压力差以及土壤内部气压差，而引起空气进入和逸出土体及其在土壤内部传输过程称为对流。土壤气体对流过程是由气体压力梯度引起的，气体对流通量可以表示为：

---

①尹晓雷，李先德，林少颖，等. 不同轮作模式下土壤细菌群落特征及其对土壤全碳、全氮与温室气体释放潜力影响[J]. 环境科学学报，2021，41（12）：5161-5173.

$$JC=-Ka\,\mathrm{d}p/\mathrm{d}z \qquad (1.1)$$

式中，JC为气体通量（cm^3/min）；Ka为导气率（cm/min）；p为空气压力（Pa）；z为坐标（cm）。

由式（1.1）可以看出，气体通量与空气压力和导气率成正比。式（1.2）描述了以质量为单位的对流通量方程，而体积通量方程可表示为：

$$JC=-\rho Ka\,\mathrm{d}p/\mathrm{d}z \qquad (1.2)$$

式中ρ是土壤孔隙间气体密度（g/cm^3）。对于理想气体而言，空气密度与温度和气压有关，可以表示为：

$$\rho=(mp)/(RT) \qquad (1.3)$$

式中，m为空气分子量，p为空气压力（cm），R是热力学常数，T为温度。如考虑温度变化对气体对流作用的影响，土壤孔隙间气体对流通量可表示为：

$$JC=-(mp/RT)Ka\,\mathrm{d}p/\mathrm{d}z \qquad (1.4)$$

1.4 气体测定的主要方法

1.4.1 土壤呼吸测定方法

土壤呼吸是生态系统碳循环中的重要环节，需要进行精确测量以正确客观地评价不同生态系统之间土壤呼吸的相对大小及贡献，探讨土壤呼吸的机制和过程，区分土壤呼吸来源和组分。土壤呼吸的准确测量对于碳循环的估算和模型建立至关重要。然而，由于土壤是多孔介质，土壤孔隙也十分复杂，加之土壤类型多种多样，而影响土壤呼吸的因素又极为复杂，因此土壤呼吸的精确测量存在不小的难度。

在进行土壤呼吸测定时，主要存在以下难点：一方面，土壤和大气之间存在明显的CO_2浓度梯度，因此凡是干扰土壤CO_2浓度和改变浓度梯度的方法都会产生较大的误差，需要采用准确可靠的测量方法；另一方面，大气压强的变化会影响土壤表面的CO_2释放，也需要进行相应的校正处理；此外，土壤呼吸具有明显的时空变异性，很难找到代表性的时间和地点，时空变化的精确测定也存在很大难度，现阶段，土壤呼吸测量主要依靠气室法、碱吸收法、静态箱法等进行测量。

1.4.1.1 气室法

该方法基于测量土壤呼吸释放出的CO_2量实现对土壤呼吸的测定。在气室法中，一个密闭的容器被安装在土壤表面上，然后记录在容器内CO_2浓度的变化。由于土壤呼吸是一种产生CO_2的过程，通过跟踪CO_2水平可以计算土壤呼吸率。这种方法适用于测量较小的土壤面积并可以在不同的土壤深度测量土壤呼吸。它对环境条件变化比较敏感，因此需要在同样的条件下进行测定。虽然气室法测定土壤呼吸是相对简单的，但要想得到准确的结果需要注意以下几个方面：容器的大小应根据土壤类型和植物根系的深度来确定，以确保最大限度地捕捉单元面积的土壤呼吸；容器的材料必须是无害的，并且不会影响土壤呼吸速率的测量；测定期间需要注意温度和湿度等环境条件，测定前需要确保土壤表面的干燥或湿润状态和周围环境一致，以消除环境因素对测量的影响。

1.4.1.2 碱吸收法

碱吸收法也称NaOH法。该方法利用碱性溶液可以吸收CO_2的特性，测定土壤呼吸时，将一定量的土壤样品放入一个密闭的容器中，加入一定量的碱性溶液（一般为0.5 mol/L的氢氧化钠溶液），密封后在一定时间内（一般为24 h）迅速搅拌，达到土壤样品与碱液充分接触，CO_2被碱性溶液吸收。然后，使用酸度指示剂进行酸碱中和滴定，用计算获得土壤中的CO_2的释放量，再根据土壤呼吸的速率进行计算。

需要注意的是，碱吸收法是一种简单、快速而经济的土壤呼吸测定方法，但在选取适用于不同土壤和实验场景的测定方法时需要综合考虑各种因素。该方法存在一定的缺陷，对于含有大量碳酸盐的土壤不适用，因为在测量过程中会产生偏差，同时该方法只能测量表层土壤中的呼吸速率，不适用于深层土壤的呼吸速率测定。此外，该方法也存在一定的误差，因为在土壤呼吸期间还会有其他气体的排放，如CH_4等。在施用该方法时要注意吸收液浓度、吸收装置、滴定操作等方面的问题，以保证测量准确度。

虽然碱吸收法有诸多不足，但其优点在于简单廉价，不需要高级仪器，也不需要购买标准气体，容易操作。但是需要注意，该方法只能得出一个较长时间的平均值，无法获得短时间的土壤呼吸值，也无法测定土壤呼吸在小时尺度的昼夜变化，只能测出白天和夜间的平均值，而我们知道土壤呼吸一般具有较强的时空变异性。因此，在研究土壤呼吸时，需要根据实际情况综合选择最适合的方法，并针对不同方法的限制和注意事项进行操作和控制误差。

1.4.1.3 静态箱法

其原理是利用一个密闭的透明箱子覆盖在土壤表面，将箱内空气中的CO_2排出并在一定时间内测量其回流的CO_2浓度变化，进而计算出土壤呼吸速率。具体操作流程如下，挖掘土壤样品，将其放置在静态箱顶部的支架上。将透明的静态箱放置在土壤样品上，并使其周围紧密贴合地表，以避免气体泄漏。在静态箱内注入一定量的新鲜空气，以排除其中的CO_2。可以使用气体分析仪测量箱内空气的CO_2浓度，确保其接近于零。关闭箱盖，记录开始的时间，并将橡皮塞插入箱内最上端的孔。等待一定时间（通常是数小时或数天），然后再次用气体分析仪测量箱内空气中的CO_2浓度。计算出土壤呼吸速率，即差值除以时间。需要注意的是，土壤呼吸速率受环境因素的影响较大，如温度、湿度、土壤类型等，应在操作中控制这些因素。需要指出的是，静态箱法测定土壤呼吸具有一定的安全隐患，在操作时要注意加强通风和安全防范。同时，在结果分析时，还需考虑样本位置和处理方法等因素对结果可能产生的影响。

1.4.1.4 动态箱法

其基本原理是通过对被测土壤样品的CO_2释放速率进行连续和实时的测量来确定土壤呼吸速率。具体操作过程如下，在土壤表面挖一个深度约 10~15 cm 的小坑，并在土壤表面周围埋一些屏障以防止外部干扰。将一个类似于温室的透明塑料箱安放在坑内，并固定好。在箱子顶部安装CO_2传感器，然后将CO_2传感器与数据采集设备相连接。打开箱子进气孔，并将气体通入，直至稳定后关闭进气孔，让箱子内的空气经过流量计和CO_2传感器。记录CO_2的排放速率数据。持续记录一段时间的CO_2排放速率数据，使用逐步回归分析等方法，根据排放速率情况推断土壤呼吸速率。

需要注意的是，进行动态箱法的实验时，要控制好环境因素，如温度、湿度、日照等，以确保实验数据的准确性和可靠性。

1.4.1.5 放射性同位素法

该方法利用放射性同位素 ^{14}C 来测量土壤呼吸。首先将标记的放射性同位素 ^{14}C 注入土壤中，它会被土壤呼吸中的CO_2吸收。随着时间的推移，这些同位素会逐渐从土壤中释放出来，土壤呼吸中CO_2的 ^{14}C 同位素含量会增加。通过测量土壤呼出的CO_2中 ^{14}C 同位素的含量来计算土壤呼吸速率。这种方法需要使用较昂贵的设备和标记化合物，因此并不常见。此外，还需要排除其他可能会干扰^{14}C同位素含量的因素，如土壤中存在的天然^{14}C和在周围环境中的人工放射性同位素等。因此，在实验设计和分析方面都需要非常细致和谨慎，才能获得可靠的结果。

1.4.1.6 间隔时间法

间隔时间法也被称为热点法，是一种用于测定土壤呼吸的常见方法之一。其基本原理是在土壤表面放置一个加热物体，使其表面温度比周围环境高 1 ℃~2 ℃。随后，使用CO_2通量计或者CO_2吸收瓶等仪器来测量土壤释放的CO_2量。该方法的优点是简单易行，无需特殊的仪器和技术，可以在野外轻松进行，并且所需时间相对较短。

然而，该方法的缺点也很明显，其中较大的问题是由于只在土壤表面放置加热物体，所以只能测量土壤近表面层的CO_2释放量，而不能代表更深层次的呼吸通量。此外，在炎热季节，土壤表面温度变化较大，容易受到其他因素影响，因此需要选择在比较稳定的天气条件下进行测量。

1.4.2 土壤孔隙间气体浓度测定方法

测量土壤孔隙间气体的浓度可用来评估土壤微生物活性和碳循环过程。土壤呼吸是生态系统中碳循环的一个重要过程，通过测量土壤呼吸可了解土壤中有机物分解的速率、微生物代谢活动的强度，从而评估土壤碳循环的状态和生态系统的稳定性。此外，测量土壤孔隙间气体的浓度还可为土地利用和管理提供重要的参考信息。例如，在林业、农业和草地管理过程中，可以通过测量土壤呼吸来评估不同作物类型、施肥和灌溉等管理措施对土壤微生物群落和土壤碳循环的影响，从而指导农作物的选择、施肥量和管理方法等。

1.4.2.1 气室法

首先选择适当的气室，在该气室中加入适当的气体作为参照气体，通常采用空气作为参照气体。将气室与土壤相连接，使用吸气泵将土壤孔隙中的气体吸入气室。吸取的气体经过一段时间与参照气体混合，等待混合气体中气体成分达到平衡。用O_2、CO_2或CH_4等气体专用气体仪器（例如红外分析仪）对气室中的气体进行分析，分析结果即为土壤孔隙间气体的浓度。

需要注意的是，此方法对气室和采样点的选择非常关键，需要根据具体情况选择合适的气室和采样点，以获得准确可靠的浓度数据。

1.4.2.2 动态箱法

动态箱法测定土壤孔隙间气体的浓度时首先准备好尺寸合适的采气箱，并对其进行密封处理，以防止气体泄漏。在采气箱上加装气体进出口阀门，以及一个用于通入惰性气体（如N_2）的管道。在采气箱上安装与土壤相接触的传感器，用来记录土壤温度、湿度、O_2浓度等相关数据。将采气箱放置在土壤表面或一定深度处，利用气体循环系统从箱内抽取并分析土壤孔隙间气体的浓度。一般情况下，需要不断通入惰性气体，以排除O_2和CO_2等干扰气体。通过开关阀门的方式，控制气体进出采气箱，以维持气体浓度在一定范围内，使测量结果更准确。

1.4.2.3 静态箱法

静态箱法测定土壤孔隙间气体的浓度时，首先在野外或实验室中选定土壤，并将其放入一个深度足够的盒子或容器中。在盒子顶部对空气和土壤之间的边界加盖一个密封的顶盖，使得任何来自外部空气的交换都被阻止。保持盒子静置一段时间，通常需要几小时至一天左右，这段时间内土壤孔隙间的气体会比较均匀地分布到盒子内。使用气体采样器或其他适当的气体分析技术（例如气体色谱法或质谱法），在密封的顶盖上钻一个小孔，并通过这个孔来提取气体样品。对从顶盖上提取的气体样品进行分析以确定其组成和浓度。

这种方法的优点是可以同时测量多种气体成分，包括O_2、CO_2、CH_4等，而且可以重复测量同一样品以验证结果。缺点是需要使用专业的仪器和设备，且该方法比较费时费力，而且会对土壤产生一定的干扰（如土壤中的微生物可能会因为没有足够的O_2而受到损失）。

1.4.2.4 光学法

光学法测定土壤孔隙间气体的浓度方法主要包括光学扫描和光纤传感技术两种。光学扫描仪是一种能够无损地扫描土壤表面，记录并分析空气中的气体浓度的设备。其原理是利用气体分子对特定波长的电磁辐射的吸收或散射来测量气体的浓度。具体来说，该设备会向土壤表面发射一束激光束，当激光束经过土壤孔隙间的气体时，会被吸收或散射，这个过程产生的信号会被接收器捕捉、处理以获得气体浓度。光纤传感技术指利用光纤传感元件来测量土壤孔隙间气体浓度的方法。一般而言，光纤传感元件是由光敏材料制成的晶体或聚合物，能够感受到光环境的变化。利用这种方式进行测量的具体步骤是，将一段光纤放置在土壤孔隙间，而将另一端连接到光源及检测设备上。然后，在光纤传递信号时，如果有气体分子被吸收，就会发生光的强度变化，这个过程会通过光敏体而被记录下来并转化为气体浓度值。

1.4.2.5 单管扫描法

该方法的原理是探头内部的样品空气与土壤孔隙间气体进行气体交换，使得探头内部采集到的气体成分与土壤孔隙气体的成分趋于平衡。通过用专业的气体分析仪测量探头内部气体的成分，推断土壤孔隙间气体的浓度。单管扫描法的优点是操作简单和费用低廉。但由于其采样流量难以控制，误差较大，同时还容易受到气压、风力等因素的干扰，因此在测定结果方面有一定的局限性。

第二章
作物根区增氧技术的研究背景

2.1 研究背景

水资源紧缺使得发展农业高效用水技术成为干旱地区农业发展的必然选择。地下滴灌作为一种先进、高效的灌溉技术，具有灌水均匀度高、将水分直接输送到作物根区、防止灌溉过程中水分的漂移并降低无效蒸发等特点，是目前最为高效、节水的灌水技术之一[①]。其次，地埋配水设施还能有效防止肥分下移，延缓管材老化速度，使除草、施肥、耕地等日常田间管理更为简便[②]。地下滴灌与地表滴灌、沟灌相比能够在更少的灌水量下获得更高的产量，因此在水源短缺地区有着广阔的应用前景[③④⑤]。然而，地下滴灌灌水周期长，灌水时间多在 10 h 以上，灌溉为作物提供水分的同时也驱排土壤孔隙间气体，造成了作物根系的氧供应不足，使作物根系在较长时间内处于厌氧环

①PAYERO J O，TARKALSON D D，IRMAK S，et al. Effect of irrigation amounts applied with subsurface drip irrigation on corn evapotranspiration，yield，water use efficiency，and dry matter production in a semiarid climate[J]. Agricultural Water Management，2008，95（8）：895-908.

②吕谋超，冯俊杰，翟国亮. 地下滴灌夏玉米的初步试验研究[J]. 农业工程学报，2003（01）：67-71.

③AYARS J E，FULTON A，TAYLOR B. Subsurface drip irrigation in California-Here to stay?[J]. Agricultural Water Management，2015，157（31）：39-47.

④LA MM F R，TROOIEN T P. Subsurface drip irrigation for corn production：a review of 10 years of research in Kansas[J]. Irrigation Science，2003，22（3-4）：195-200.

⑤何华，康绍忠，曹红霞. 灌溉施肥部位对玉米同化物分配和水分利用的影响[J]. 西北植物学报，2003，23（8）：1458-1461.

境中[1]。

近年来，设施农业发展迅速，但设施农业存在过量灌水及过度施肥、少耕、农业机械过度碾压等现象。这些农事活动可导致土壤板结，使土壤紧实度增加，致使土壤容重增加、孔隙度减小，在一定程度上阻碍了O_2、CO_2等气体在大气与土壤间的交换，易对植株根系造成低氧胁迫[2]。其次，一些自然因素，如地下水位过高，长期降雨以及黏土或黏壤土条件下耕作也常导致土壤中氧含量降低，限制作物产量和品质提升[3]。大棚种植与室外大田种植不同，大棚内土壤的践踏频率远高于大田土壤。大棚内表层土壤（16~30 cm）平均容重随耕作年限增加而升高[4]。在中国，大棚内土壤通常以一季一次的浅耕为主，易造成心土层及犁底层土壤板结，根区低氧胁迫时有发生。

已有研究表明，根际低氧胁迫是限制作物产量、品质提升的主要因素之一[5][6]。若根系无法得到充足的氧气，或长期处于厌氧环境中，根系细胞能量供应受到限制，根系活力降低，对水分和养分吸收减少，营养物质向地上运输不足，导致植株体内激素含量、酶活性改变，光合作用受阻，植株营养器官功能受限，作物产量和品质下降[1]。就作物根区需氧角度而言，灌溉过程本身存在制约作物生长的不利因素，黏质土壤[7][8]

①LI Y，NIU W Q，XU J，et al. Root morphology of greenhouse produced muskmelon under sub-surface drip irrigation with supplemental soil aeration[J]. Scientia Horticulturae，2016，201：287-294.

②BHATTARAI S P，PENDERGAST L，MIDMORE D J. Root aeration improves yield and water use efficiency of tomato in heavy clay and saline soils[J]. Scientia Horticulturae，2006，108（3）：278-288.

③BLOKHINA O. Antioxidants，oxidative damage and oxygen deprivation stress：a review[J]. Annals of Botany，2003，91（2）：179-194.

④王国庆，何明，封克. 温室土壤盐分在浸水淹灌作用下的垂直再分布[J]. 扬州大学学报，2004（03）：51-54.

⑤FUKAO T，BAILEY-SERRES J. Plant responses to hypoxia – is survival a balancing act?[J]. Trends in Plant Science，2004，9（9）：449-456.

⑥HORCHANI F，GALLUSCI P，BALDET P，et al. Prolonged root hypoxia induces a mmonium accumulation and decreases the nutritional quality of tomato fruits[J]. Journal of Plant Physiology，2008，165（13）：1352-1359.

⑦BHATTARAI S P，PENDERGAST L，MIDMORE D J. Root aeration improves yield and water use efficiency of tomato in heavy clay and saline soils[J]. Scientia Horticulturae，2006，108（3）：278-288.

⑧BHATTARAI S P，HUBER S，MIDMORE D J. Aerated subsurface irrigation water gives growth and yield benefits to zucchini，vegetable soybean and cotton in heavy clay soils[J]. Annals of Applied Biology，2004，144（3）：285-298.

或不合理的管理措施更会加重土壤的缺氧状态。据研究，根系呼吸与土壤呼吸相互影响[1]，土壤中的氧同时维持根系、土壤微生物、土壤动物呼吸[2]。因此，根区氧供应不足会对作物本身及土壤微生物、土壤动物均造成危害。

2.1.1 根区低氧胁迫对作物的危害

根系呼吸是活性根吸收O_2并释放CO_2的过程[3]，广义的根系呼吸指根系及其衍生物的呼吸，包括根系自身呼吸、共生菌呼吸、参与分解根系分泌物及死亡根组织微生物的呼吸[4]。土壤中有限的O_2供给根系和各种微生物，当根区土壤通透性下降时，可能会造成根系实际获得O_2不足，根系处于低氧胁迫状态。

氧驱动了ATP（三磷酸腺苷）和NAD（P）$^+$（三磷酸吡啶核苷酸）的合成，维持细胞生长所需要的还原力，构成了整个植物体生命代谢的核心，是植物正常生长发育必不可少的条件[5]。氧作为呼吸作用电子传递链末端的电子受体，NADH（还原型烟酰胺腺嘌呤二核苷酸）、$FADH_2$（还原型黄素腺嘌呤二核苷酸）的氢原子被脱氢酶激活后脱落，与被激活的氧结合生成水，氧化态的NAD^+、FAD（黄素腺嘌呤二核苷酸）、伴随ADP（二磷酸腺苷）磷酸化形成ATP。当根区土壤处于氧缺乏状态时，NADH、$FADH_2$电子缺乏受体，无法转化为NAD^+、FAD，TCA（三羧酸循环）受阻，呼吸链受到抑制，ADP无法磷酸化，导致细胞供能不足。福考（Fukao）等[6]人研究认为低氧胁迫对作物的危害是细胞内氧化磷酸化电子传递受阻导致ATP和NAD（P）H生成减少，造成根系细胞内ATP供应不足所引起的。一般而言，根际缺氧时，细胞的有氧呼吸

---

①李虎，邱建军，王立刚. 农田土壤呼吸特征及根呼吸贡献的模拟分析[J]. 农业工程学报，2008（04）：14-20.

②韩广轩，周广胜，许振柱. 中国农田生态系统土壤呼吸作用研究与展望[J]. 植物生态学报，2008（03）：719-733.

③GEORGE K，NORBY R J，HAMILTON J G，et al. Fine-root respiration in a loblolly pine and sweetgum forest growing in elevated CO_2[J]. New Phytologist，2003，160（3）：511-522.

④BOUMA T J，BRYLA D R. On the assessment of root and soil respiration for soils of different textures：interactions with soil moisture contents and soil CO_2 concentrations [J]. Plant and Soil，2000，227：215-221.

⑤孙艳军，郭世荣，胡晓辉，等. 根际低氧逆境对网纹甜瓜幼苗生长及根系呼吸代谢途径的影响[J]. 植物生态学报，2006（01）：112-117.

⑥FUKAO T，BAILEY-SERRES J. Plant responses to hypoxia - is survival a balancing act?[J]. Trends in Plant Science，2004，9（9）：449-456.

受到阻碍，细胞能量供应不足，根系养分和水分的吸收减少，营养物质向地上的输送不足，致使光合作用减弱[1]。吉布斯（Gibbs）等[2]发现，作物根系供氧不足时，植株叶片光合色素含量下降，光合作用受到抑制。芒斯（Munns）等[3]认为，低氧胁迫使叶片ABA（脱落酸）浓度增加，ABA的积累降低了气孔密度和开度，同时叶绿素含量减少，抑制茎、叶生长，造成净光合速率降低。

低氧逆境下由于细胞供能不足，植物通过增强无氧呼吸补充一定量的ATP和NAD（P）$^+$来维持细胞正常的生理代谢[4]。但该过程同时以牺牲干物质积累为代价，必然降低作物的经济产量。当根区O_2供应不足时，对植物产生一系列不利影响[5]。首先对根系和枝条的生长产生一定负面作用，其次对溶质穿透膜的过程产生干扰，第三缺氧可导致植物出现气孔导度变小、叶水势降低等类似于水分胁迫的症状。郑俊骞等[6]对根际氧供应不足条件下的黄瓜进行研究，发现根系中无氧呼吸有关酶（丙酮酸脱羧酶、乙醇脱氢酶、乳酸脱氢酶）活性显著提高，无氧呼吸主要产物（乙醇、乙醛、乳酸）含量显著升高，有氧呼吸相关酶活性显著下降，根系活力低下。另外，细胞启动无氧呼吸也对作物有一定的负面影响。无氧呼吸可导致细胞质酸化，致使有害Fe^{2+}和Cu^{2+}等低价阳离子过量积累，植株体内产生的乙醇或乳酸等无法被完全氧化，当这些有害物质积累量达到一定程度时将对作物产生明显的毒害作用，甚至破坏整个细胞内环境[7]。孙艳军

①SEY B K，MANCEUR A M，WHALEN J K，et al. Root-derived respiration and nitrous oxide production as affected by crop phenology and nitrogen fertilization[J]. Plant Soil，2010，326：369-379.

②GIBBS J，GREENWAY H. Mechanisms of anoxia tolerance in plants. I. Growth，survival and anaerobic catabolism[J]. Functional Plant Biology，2003，30（3）：353.

③MUNNS R，SHARP R E. Physiology Involvement of abscisic acid in controlling Plant growth in soils of low water Potential[J]. Australian Journal Plant Physiology，1993，20：425-437.

④KATOH H，GUO S R，NADA K，et al. Differences between tomato（*Solanum Lycopersicon* Mill.）and cucumber（*Cucumis sativus* L.）in ethanol，lactate and malate metabolisms and cell sap pH of roots under hypoxia[J]. Journal of the Japanese Society for Horticultural Science，1999，68：152-159.

⑤FOCHT D D. Diffusional constraints on microbial processes in soil[J]. Soil Science，1992，154（4）：87-107.

⑥郑俊骞. 土壤紧实胁迫对黄瓜抗坏血酸—谷胱甘肽循环及根系呼吸代谢的影响[D]. 西北农林科技大学，2011：8-18.

⑦BLOKHINA O，Fagerstedt K V. Oxidative metabolism，ROS and NO under oxygen deprivation[J]. Plant Physiology and Biochemistry，2010，5（48）：359-373.

等[①]研究发现，低氧胁迫后网纹甜瓜植株的株高、根长显著降低，地上、地下的鲜重和干重减少。巴雷特–伦纳德（Barrett-Lennard）等[②]将植物从根系供氧充分的环境转移到渍水土壤时，根系的ATP产量下降95%。

首先，土壤通气不良，影响根系发育。植物根系生长是一个好氧呼吸的过程，土壤通气性好，根系生长活力高，生长旺盛；通气不良，根系因缺氧遭受伤害。水稻在通气性好的土壤中，根系呈白色；通气不良时，根系变黄、变褐甚至变黑。旱地土壤孔隙间气体中O_2体积分数低于9%时，根系发育受阻。其次，影响种子萌发。种子的萌发过程是种子内储存的有机物质分解释放能量的过程，需要有充足的O_2供应，种子才能顺利萌发。如果土壤通气性差，种子的物质分解受阻或者分解不彻底，产生有害的中间产物，必然降低种子萌发率。此外，土壤通气不良还会影响作物抗病性。通气不良，土壤有机物质分解产生还原性中间产物，导致土壤氧化还原电位降低，从而某些金属元素如铁、锰等还原，造成还原物质毒害，抗病性降低。通气不良，厌氧微生物数量和活性增加，很多厌氧微生物多是致病菌，所以通气不良的条件下，植物容易发生病害。

2.1.2 氧供应不足对土壤微生物和土壤动物的影响

参与分解有机质的土壤微生物主要是真菌和细菌，真菌将水解酶分泌到有机质内部，利用其养分进行生长和繁殖，细菌可存活于真菌活动产生的缝隙间。在真菌、细菌的共同作用下，大分子有机质被降解为小分子物质供作物利用[③]。土壤通气良好的情况下，土壤微生物以好气性即好氧微生物为主，有机物质分解快而彻底，释放能量和养分多，产生的有毒物质少。在土壤通气不良的情况下，土壤微生物以嫌气性和厌氧微生物为主，有机物质分解缓慢，分解不彻底，中间产物多，释放能量和矿质养分少，可供作物利用的N、P、K等将减少，而产生有毒有害物质增多。

---

①孙艳军，郭世荣，胡晓辉，等.根际低氧逆境对网纹甜瓜幼苗生长及根系呼吸代谢途径的影响[J].植物生态学报，2006（01）：112–117.

②BARRETT-LENNARD E G. The interaction between waterlogging and salinity in higher plants：causes，consequences and implications[J]. Plant and Soil，2003，253（1）：35–54.

③李强，周道玮，陈笑莹.地上枯落物的累积、分解及其在陆地生态系统中的作用[J].生态学报，2014，34（14）：3807–3819.

通气不良的情况下，氮素进行反硝化作用，使土壤氮素变成气态的氮氧化物，从而加剧土壤氮素的损失；土壤磷、硫强烈还原形成硫化氢、磷化氢等，既导致养分损失，又对植物生长有毒害；土壤铁锰还原，形成低价铁锰，产生亚铁过多而使植物受到伤害；有机物质分解不彻底，释放的能量和矿质养分少，产生低分子有机酸等，对植物生长不利。

土壤动物对农田生态系统的贡献主要表现为加快有机质分解进程和促进微生物活动。一方面，土壤动物通过采食、排泄将难分解大颗粒有机质转化为易分解物质。另一方面，土壤动物的活动促进有机质和微生物的接触。同时，土壤动物残体还可作为土壤微生物的养料。若土壤氧浓度过低，土壤动物有氧呼吸则不能顺利进行，正常生理活动受限，大颗粒有机质分解缓慢，同时也影响微生物的活动。

2.2 国内外研究进展

通过对根区补充空气来解决O_2不足的问题，一直是生产者和研究者所关注的问题。人们很早就在理论和实验层面上认识到土壤加气的好处[1]，但由于缺乏适宜的空气注射设备导致大田应用很难实施。20世纪40年代末（1949），梅尔斯特德（Melsted）等人就已经开始了作物根区加气试验[2]，近年来发展了多种根区加气技术，并在不同区域、土壤和作物上进行试验研究。20世纪70年代末（1979），戴格（Daigger）对马铃薯和胡萝卜开始了地下加气的实验，他们利用空气压缩机向地埋边壁打孔的水带注射空气，结果表明加气处理可提高作物的品质，且马铃薯和胡萝卜能够获得更高的产量[3]。1982年，布舍尔（Busscher）[4]利用同样的方法开展了茄子、大豆和番茄的大田和盆栽地下加气试验，结果表明地下加气提高了三种作物的产量。

①BATHKE G R，CASSE D K，HARGROVE W L，et al. Modification of soil physical properties and root growth responses[J]. Soil Science，1992，154：316-329.

②MELSTED S W，KURTZ T，BRAY R. Hydrogen peroxide as an oxygen fertilizer[J]. Agronomy Journal，1949，41：79.

③DAIGGER L，TRIMMER W，YONTS D. Effect of soil aeration on plants[R]. University of Nebraska：1979：1-5.

④BUSSCHER W J. Improved growing conditions through soil aeration[J]. Communications in Soil Science and Plant Analysis，1982，13（5）：401-409.

进入 21 世纪，作物根区加气技术相关的探索和试验进入了最为活跃阶段。国外研究人员采用加气装置连接地下滴灌系统把掺气水输送到作物根区来灌溉作物，称之为地下氧灌（Subsurface Oxygation）、掺气地下滴灌（Aeration Subsurface Drip Irrigation）、氧灌（Oxygation）或注气灌溉（Air Jection Irrigation）[1][2][3]。研究表明该灌溉技术可有效改善植物根区的水、肥、气、热环境，维持根系正常的新陈代谢和呼吸功能[4]，促进和协调植物地上和地下部分的生长发育，是一种节水、省肥、高效的新型灌溉技术[5]。另外，地下滴灌应用面积不断扩大，地下滴灌系统连接文丘里注射器即可改造为地下氧灌系统[6][7][8]，因而地下氧灌切实可行。

目前已探明，给土壤适当加气能有效解除土壤低氧胁迫，提高土壤导气率，改善土壤氧环境[9]，可使土壤呼吸能力增强 42%~100%[10]。充足的 O_2 供应保障了根系的正常生

①BHATTARAI S P，PENDERGAST L，MIDMORE D J. Root aeration improves yield and water use efficiency of tomato in heavy clay and saline soils[J]. Scientia Horticulturae，2006，108（3）：278-288.

②BHATTARAI S P，MIDMORE D J. Influence of soil moisture on yield and quality of tomato on a heavy clay soil[J]. Proceedings of the International Symposium on Harnessing the Potential of Horticulture in the Asian-Pacific Region，2005（694）：451-454.

③BHATTARAI S P，SU N，MIDMORE D J. Oxygation unlocks yield potentials of crops in oxygen - limited soil environments[J]. Advances in Agronomy，2005，88：313-377.

④GOORAHOO D，CARSTENSEN G，ZOLDOSKE D. Using air in sub-surface drip irrigation（SDI）to increase yields in bell peppers[J]. International Water and Irrigation，2002，22（2）：39-42.

⑤BHATTARAI S P，HUBER S，MIDMORE D J. Aerated subsurface irrigation water gives growth and yield benefits to zucchini，vegetable soybean and cotton in heavy clay soils[J]. Annals of Applied Biology，2004，144（3）：285-298.

⑥BHATTARAI S P，PENDERGAST L，MIDMORE D J. Root aeration improves yield and water use efficiency of tomato in heavy clay and saline soils[J]. Scientia Horticulturae，2006，108（3）：278-288.

⑦BHATTARAI S P，MIDMORE D J. Influence of soil moisture on yield and quality of tomato on a heavy clay soil[J]. Proceedings of the International Symposium on Harnessing the Potential of Horticulture in the Asian-Pacific Region，2005（694）：451-454.

⑧BHATTARAI S P，SU N，MIDMORE D J. Oxygation unlocks yield potentials of crops in oxygen - limited soil environments[J]. Advances in Agronomy，2005，88：313-377.

⑨GOORAHOO D，CARSTENSEN G，ZOLDOSKE D. Using air in sub-surface drip irrigation（SDI）to increase yields in bell peppers[J]. International Water and Irrigation，2002，22（2）：39-42.

⑩CHEN X M，DHUNGEL J，BHATTARAI S P，et al. Impact of oxygation on soil respiration，yield and water use efficiency of three crop species[J]. Journal of Plant Ecology，2011，4（4）：236-248.

长，提高了有氧呼吸效率和根系活力，增强了根系对矿质元素的吸收及土壤水分利用效率。根系的高效生理活动保障了作物地上部分的正常运转，从而改善整个植株多项生理指标[1][2]。

对番茄、黄瓜、棉花、大豆、西葫芦、南瓜、小麦、菠萝进行加气灌溉，发现该技术能够提高作物的产量、品质及水分利用效率，尤其对黏重土壤效果更加显著[3][4][5][6]。对黄瓜进行研究发现，基质加气栽培模式下能够显著提高基质速效养分含量及伤流液的流量、电导率、氨基酸含量[7]。李军等[8]研究结果证明，改善土壤通气性，可提高马铃薯功能叶片和块茎中ATP酶活性，促进^{14}C同化物由叶片向块茎的运输和分配，提高干物质在块茎中的分配率，极显著地提高块茎的产量。

---

①刘义玲，李天来，孙周平，等.根际低氧胁迫对网纹甜瓜光合作用、产量和品质的影响[J].园艺学报，2009（10）：1465-1472.

②刘义玲，李天来，孙周平，等.根际低氧胁迫对网纹甜瓜生长、根呼吸代谢及抗氧化酶活性的影响[J].应用生态学报，2010（06）：1439-1445.

③BHATTARAI S P，SALVAUDON C，MIDMORE D J. Oxygation of the sockwool substrate for Hydroponics [J]. Aquaponics Jomnal，2008，49（1）：29-35.

④BHATTARAI S P，PENDERGAST L，MIDMORE D J. Root aeration improves yield and water use efficiency of tomato in heavy clay and saline soils[J]. Scientia Horticulturae，2006，108（3）：278-288.

⑤BHATTARAI S P，HUBER S，MIDMORE D J. Aerated subsurface irrigation water gives growth and yield benefits to zucchini，vegetable soybean and cotton in heavy clay soils[J]. Annals of Applied Biology，2004，144（3）：285-298.

⑥陈新明，DHUNGEL JAY，BHATTARAI SURYA，等.加氧灌溉对菠萝根区土壤呼吸和生理特性的影响[J].排灌机械工程学报，2010，28（6）：543-547.

⑦李天来，陈红波，孙周平，等.根际通气对基质气体、肥力及黄瓜伤流液的影响[J].农业工程学报，2009（11）：301-305.

⑧李军，李长辉，刘喜才，等.土壤通气性对马铃薯产量的影响及其生理机制[J].作物学报，2004（03）：279-283.

巴特拉伊（Bhattarai）等[1][2][3][4][5][6][7]在不同土壤水分、盐分及栽培条件下对大豆、棉花、番茄和南瓜等多种作物开展了系统的研究，结果表明与对照处理相比地下氧灌大豆的豆荚产量平均增加了96%，皮棉产量平均增加了28%。地下氧灌大豆的豆荚数量和平均重量都有了明显的提高，不同水分条件下地下氧灌大豆的地上生物量和光拦截率有了显著增加。地下氧灌处理棉花单株的蕾铃数目、地上生物量和根系的长度、根物质量等都有不同程度的提高。试验同时表明，地下氧灌在有效增加产量的同时，还能够显著的提高作物的WUE（水分利用效率），地下氧灌棉花与普通地下滴灌相比其在皮棉产量、生物量和WUE等3个层面上，分别提高了18%、40%和31%，地下氧灌大豆与普通地下滴灌相比其WUE提高了70%。在大田实验条件下，巴特拉伊（Bhattarai）等对南瓜进行了H_2O_2地下滴灌研究，试验包括H_2O_2地下滴灌和普通地下滴灌两个处理。与普通地下滴灌相比，H_2O_2地下滴灌的南瓜产量和数量分别增加了25%和29%。在不同的土壤水分和盐分条件下对重黏土盆栽番茄在温室内进行了地下氧灌试验，结果表明，地下氧灌番茄的产量平均提高了21%，且高水分处理的增产效果更为显著，地下氧灌番茄与普通地下滴灌相比其WUE提高了11%。不同土壤盐分试验结果表明地下氧灌番茄的产量平均提高了38%，地下氧灌番茄与普通地下滴灌相比其WUE提高了74%，表明地下氧灌在盐土上的节水增产效果更为明显，为提高盐碱土壤的作物产量和

①BHATTARAI S P，BALSYS R J，WASSINK D，et al. The total air budget in oxygenated water flowing in a drip tape irrigation pipe[J]. International Journal of Multiphase Flow，2013，52：121-130.

②BHATTARAI S P，MIDMORE D J. Oxygation enhances growth，gas exchange and salt tolerance of vegetable soybean and cotton in a saline vertisol[J]. Journal of Integrative Plant Biology，2009，51（7）：675-688.

③BHATTARAI S P，SALVAUDON C，MIDMORE D J. Oxygation of the rockwool substrate for hydroponics [J]. Aquaponics Jomnal，2008，49（1）：29-35.

④BHATTARAI S P，PENDERGAST L，MIDMORE D J. Root aeration improves yield and water use efficiency of tomato in heavy clay and saline soils[J]. Scientia Horticulturae，2006，108（3）：278-288.

⑤BHATTARAI S P，MIDMORE D J. Influence of soil moisture on yield and quality of tomato on a heavy clay soil[J]. Proceedings of the International Symposium on Harnessing the Potential of Horticulture in the Asian-Pacific Region，2005（694）：451-454.

⑥BHATTARAI S P，SU N，MIDMORE D J. Oxygation unlocks yield potentials of crops in oxygen - limited soil environments[J]. Advances in Agronomy，2005，88：313-377.

⑦BHATTARAI S P，HUBER S，MIDMORE D J. Aerated subsurface irrigation water gives growth and yield benefits to zucchini，vegetable soybean and cotton in heavy clay soils[J]. Annals of Applied Biology，2004，144（3）：285-298.

水分利用效率提供了新的思路。

2.2.1 常见的作物根区加气方法

2.2.1.1 灌后加气法

在根区土壤中预先埋入带小孔的软管或滴灌带，地面以上的滴灌带与水源及气泵相连，用气泵将纯氧或压缩空气注入根区土壤中，该方法称之为灌后加气法（图2-1）。水培时，利用气泵直接向营养液中充入空气，也属于该方法范围。

灌后加气法除增加气泵外，对原有的滴灌系统基本没有改变，也没有破坏土壤结构，对土壤扰动微弱。同时，该方法可提高滴头抗堵塞能力，延长滴灌带使用寿命[1]。灌后加气虽增加了电费、滴灌设备及管件投入等额外费用，但对温室甜瓜进行灌后加气处理发现 2 d 一次和每天一次的加气频率可以获得更高的产出、投入比[2]。郭超和牛文全[3]对盆栽玉米进行灌后加气，发现该技术能有效提高根系活力，促进玉米对土壤养分的吸收，提高根冠比、玉米株高、叶面积及叶绿素含量，促进干物质积累。王丹英等[4]对水培水稻加气，发现根长显著增加，根数减少，并指出在水稻孕穗初期和抽穗期，仅靠溶存于水体中的氧无法满足水稻正常生理需求，加气灌溉十分必要。

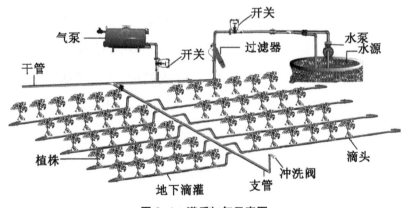

图 2-1　灌后加气示意图

---

①瞿国亮，吕谋超，王晖，等.微灌系统的堵塞及防治措施[J].农业工程学报，1999（01）：150-153.

②谢恒星，蔡焕杰，张振华.温室甜瓜加氧灌溉综合效益评价[J].农业机械学报，2010（11）：79-83.

③郭超，牛文全.根际通气对盆栽玉米生长与根系活力的影响[J].中国生态农业学报，2010（06）：1194-1198.

④王丹英，韩勃，章秀福，等.水稻根际含氧量对根系生长的影响[J].作物学报，2008（05）：803-808.

2.2.1.2 水气同步灌溉法

灌溉前，采用超微气泡发生器，使水中富含直径小于 3 μm 的气泡，这种利用富含超微气泡水体灌溉的方法称为水气同步灌溉法。研究发现，水气同步灌溉后水稻叶片叶绿素含量、气孔导度、可溶性蛋白、SOD（超氧化物歧化酶）活性均得到增加，叶片MDA（丙二醛）含量减少。加气处理延缓了叶片衰老，延长了叶片功能期，因此，光合效率、有效穗数和结实率得到提高，产量增加[①]。

2.2.1.3 掺气灌溉法

因地下滴灌技术的日臻完善和大面积推广应用，使得借助地下滴灌的大田根区土壤加气成为可能[②③④⑤]。在地下灌溉系统的首部，利用文丘里注射器在输水滴灌带中注入一定量的空气，随水流输送到作物根区土壤的方法称为掺气灌溉法。目前国外多采用马泽伊注射器（Mazzei Injector）公司生产的Mazzei文丘里注射器来完成空气的掺入。该文丘里注射器是一种专利产品，通过精心的系统设计可使进入水中的空气形成微气泡均匀分布在管道中，不会出现水气分层的情形或产生大气泡，同时能够保持管道内流体运动及压力的平稳。该文丘里注射器的工作原理与普通文丘里一样，遵循伯努利定律，当一定压力的水流从文丘里进水端进入到喉道时，由于喉道半径变小导致水流速度变大，根据伯努利定律可知水的压力相应降低，当压力低于外界大气压时，空气就会通过进气口被吸进来掺入到水流当中，当高速的水气混合体从喉部流向文丘里出口端时，由于管道半径变大导致水流流速降低，动能转化为势能使压力增加，继续以

---

①朱练峰，刘学，禹盛苗，等. 增氧灌溉对水稻生理特性和后期衰老的影响[J]. 中国水稻科学，2010（03）：257-263.

②BHATTARAI S P, PENDERGAST L, MIDMORE D J. Root aeration improves yield and water use efficiency of tomato in heavy clay and saline soils[J]. Scientia Horticulturae, 2006, 108（3）：278-288.

③BHATTARAI S P, MIDMORE D J. Influence of soil moisture on yield and quality of tomato on a heavy clay soil[J]. Proceedings of the International Symposium on Harnessing the Potential of Horticulture in the Asian-Pacific Region, 2005（694）：451-454.

④BHATTARAI S P, SU N, MIDMORE D J. Oxygation unlocks yield potentials of crops in oxygen - limited soil environments[J]. Advances in Agronomy, 2005, 88：313-377.

⑤GOORAHOO D, CARSTENSEN G, MAZZEI A. Pilot study on the impact of air injected into water delivered through subsurface drip irrigation tape on the growth and yield of bell peppers[M]. California：California Agricultural Technology Institute, 2001：1-23.

有压流体的形式流入主管道，经滴头入渗到土壤当中[1][2][3]（图2-2）。

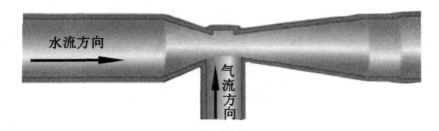

图2-2　文丘里注射器工作原理

研究发现，该技术可有效缓解灌溉过程中土壤氧不足，激发作物潜在增产能力，在盐渍土及重黏土条件下具有良好的应用效果。利用文丘里空气注射器以12%的掺气量进行灌溉，番茄提早开花坐果、增产21%，在盐渍土条件下增产38%[4]。以12%的掺气量对西瓜和西葫芦进行灌溉，与未掺气组对比，西瓜产量由14.5 t·ha⁻¹提高到24.6 t·ha⁻¹，西葫芦产量由26.3 t·ha⁻¹提高到28.9 t·ha⁻¹，总可溶性物质及干物质均增加，西瓜破裂减少[5]。

2.2.1.4 化学加氧法

向根区土壤施入过氧化钙、过氧化尿素、过氧化镁等，上述物质会缓慢释放出O_2

①BHATTARAI S P，PENDERGAST L，MIDMORE D J. Root aeration improves yield and water use efficiency of tomato in heavy clay and saline soils[J]. Scientia Horticulturae，2006，108（3）：278-288.

②BAGATUR T. Evaluation of plant growth with aerated irrigation water using venturi pipe part[J]. Arabian Journal for Science and Engineering，2013，39（4）：2525-2533.

③温改娟. 加气灌溉对温室番茄生长和果实品质的影响[J]. 西北农林科技大学学报（自然科学版），2013，14（04）：113-118，124.

④BHATTARAI S P，PENDERGAST L，MIDMORE D J. Root aeration improves yield and water use efficiency of tomato in heavy clay and saline soils[J]. Scientia Horticulturae，2006，108（3）：278-288.

⑤BHATTARAI S P，DHUNGEL J，MIDMORE D J. Oxygation improves yield and qualityand minimizes internal fruit crack of cucurbits on a heavy clay soil in the semi-arid tropics[J]. Journal of Agricultural Science，2010，2（3）：17-25.

对根区土壤氧气量进行补充，该方法统称化学加氧法[1][2][3]。向根区中注入H_2O_2也是解决土壤O_2亏缺问题的一种选择。梅尔斯特德（Melsted）等人[4]在20世纪40年代将H_2O_2视为氧肥用于提高作物根际氧浓度。巴特拉伊（Bhattarai）等[5]对重黏土大田西葫芦以$5\ L\cdot ha^{-1}$的H_2O_2为标准量，在每次灌溉结束时利用地下滴灌带施加，试验结束后，西葫芦产量、数量、植株重量分别增加25%、29%、24%。对盆栽大豆、棉花进行H_2O_2灌溉，发现豆荚的数量和单个重量以及棉花的产量均有所增加。研究还发现，H_2O_2灌溉后作物根系重量增加，水分利用效率提升，地上生物量增加，加氧处理的植株拥有更大的冠层，能够截获更多的光合辐射并增加产量，但该处理对蒸腾速率和气孔导度无显著影响。由于H_2O_2性质不稳定使其贮存和运输不太方便，再加上较高的费用以及对土壤环境潜在的不利影响，导致该方法的应用受到一定的限制[6][7]。

2.2.1.5 其他加气法

赵旭等[8]在马铃薯种植前，预先挖一栽培槽，在栽培槽底部铺设拱形铁网，铁网上覆盖纱网，纱网上填装种植土。拱形铁网下方镂空形成地下空气层，利用地下气层中的空气反渗到土壤中来对土壤空气进行补充，该方法称为槽栽法（图2-3）。研究表

---

[1]BHATTARAI S P，HUBER S，MIDMORE D J. Aerated subsurface irrigation water gives growth and yield benefits to zucchini，vegetable soybean and cotton in heavy clay soils[J]. Annals of Applied Biology，2004，144（3）：285-298.

[2]赵锋，张卫建，章秀福，等. 稻田增氧模式对水稻籽粒灌浆的影响[J]. 中国水稻科学，2011（06）：605-612.

[3]赵锋，王丹英，徐春梅，等. 根际增氧模式的水稻形态、生理及产量响应特征[J]. 作物学报，2010（02）：303-312.

[4]MELSTED S W，KURTZ T，BRAY R. Hydrogen peroxide as an oxygen fertilizer[J]. Agronomy Journal，1949，41：79.

[5]BHATTARAI S P，HUBER S，MIDMORE D J. Aerated subsurface irrigation water gives growth and yield benefits to zucchini，vegetable soybean and cotton in heavy clay soils[J]. Annals of Applied Biology，2004，144（3）：285-298.

[6]BHATTARAI S P，PENDERGAST L，MIDMORE D J. Root aeration improves yield and water use efficiency of tomato in heavy clay and saline soils[J]. Scientia Horticulturae，2006，108（3）：278-288.

[7]GOORAHOO D，CARSTENSEN G，MAZZEI A. Pilot study on the impact of air injected into water delivered through subsurface drip irrigation tape on the growth and yield of bell peppers[M]. California：California Agricultural Technology Institute，2001：1-23.

[8]赵旭，李天来，孙周平. 番茄基质通气栽培模式的效果[J]. 应用生态学报，2010（01）：74-78.

明，槽栽法能够显著提高土壤氧含量，提高基质碱解氮、速效磷等养分质量分数，降低根区CO_2浓度。该方法下种植的马铃薯株高、茎粗、叶面积、产量均有所增加，对甜瓜进行根区加气发现根系代谢能力增强[1][2]。

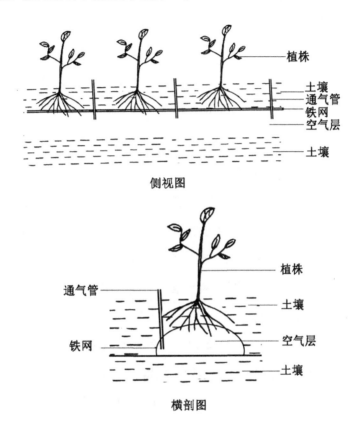

侧视图

横剖图

图2-3　槽栽法加气示意图

2.2.2 根区加气的效益研究评述

目前，根区加气的效益研究主要集中在土壤酶活性、根系形态及生理活动、叶片及光合反应速率、作物产量及品质、水分利用效率等方面。

2.2.2.1 对土壤导气率的影响

土壤导气率是土壤肥力的综合指标之一，可综合反映土壤质地、结构、紧实度等

---

①李天来，陈亚东，刘义玲，等.根际CO_2浓度对网纹甜瓜根系生长和活力的影响[J].农业工程学报，2009（04）：210-215.

②孙周平，郭志敏，刘义玲.不同通气方式对马铃薯根际通气状况和生长的影响[J].西北农业学报，2008（04）：125-128.

基本物理属性及土壤干湿状况[①]。土壤导气率对土壤氧含量具有显著的影响，土壤导气率又受到土壤质地、容重的影响。灌溉可能会影响土壤的通透性，降低土壤氧含量，制约植株的生长和作物的产量。利用地下滴灌带对容重分别为 1.3 g·cm^{-3}、1.4 g·cm^{-3}、1.5 g·cm^{-3} 的棕壤土（砂壤土）和陶土（粉质黏土）灌水，随后测定土壤导气率，发现不同容重下的棕壤土导气率分别下降 88.2%、70.1%、42.5%；陶土导气率分别下降 71.2%、65.4%、54.3%。对土壤加气，加气停止 10 分钟后测定土壤导气率，不同容重下棕壤土导气率分别提升 3.7 倍、2.0 倍、1.5 倍；陶土导气率分别提升 1.3 倍、1.4 倍、1.5 倍[②]。

2.2.2.2 对土壤酶活性的影响

高土壤酶活性能够改善根区土壤微环境，提高根系对营养物质的摄取能力，促进植株的生长，提高产量。以不同灌水量和加气量对盆栽番茄灌水后加气，发现以 80% 田间持水量进行灌溉，加气系数为标准加气量的 0.8 倍时，土壤过氧化氢酶、脲酶、脱氢酶活性最高。与作物成熟期同等灌水量下不加气组对比，3 种酶活性分别提高了 172.0%、1718.7%、35.2%[③]。陈红波等[④]利用槽栽法对日光温室黄瓜处理后，土壤脲酶活性提高了 7.7%、脱氢酶活性提高 22.5%、磷酸酶活性提高 18.3%、蔗糖酶活性提高 20.9%，且基质碱解氮、速效磷和作物干物质积累均有所增加，认为加气改变了基质气体条件，引起土壤微生物呼吸调整，土壤微生物细胞内、细胞间酶活性变化，土壤微生物代谢能力提升致使土壤酶活性变化[⑤]，灌后加气比槽栽法能更大程度地提高土壤酶活性。

---

①程东娟，张亚丽.土壤物理实验指导[M].北京：中国水利水电出版社，2012：1-65.

②NIU W，GUO Q，ZHOU X，et al. Effect of aeration and soil wter redistribution on the air permeability under subsurface drip irrigation[J]. Soil Science Society of America Journal，2011，76：815-820.

③NIU W Q，JIA Z，ZHANG X，et al. Effects of soil rhizosphere aeration on the root growth and water absorption of tomato[J]. Clean - Soil，Air，Water，2012，40（（12））：1364-1371.

④陈红波，李天来，孙周平，等.根际通气对日光温室黄瓜栽培基质酶活性和养分含量的影响[J].植物营养与肥料学报，2009（06）：1470-1474.

⑤BALOTA E L，KANASHIRO M，FILHO A C，et al. Soil enzyme activities under long-term tillage and crop rotation systems in subtropical agro-ecosystems[J]. Brazilian Journal of Microbiology，2004，35：300-306.

2.2.2.3 对作物根系的影响

根系的呼吸需要消耗大量的 O_2。格拉布尔（Grable）[1]研究表明单纯的根物质呼吸耗氧率为 5 mL O_2 $h \cdot g^{-1}$，如果考虑到必要的土壤微生物的耗氧，则实际需氧量更多[2]。若土壤气体得不到更新补充，1 m 深土层内的贮氧量只能维持植物 3~4 d 的正常呼吸[3]，因此土壤空气的补充与更新对于植物的生长非常重要。

沃克（Walker）等[4]进行了高尔夫球场地下加气的试验研究，试验的初衷有两个，其一是利用地下加气来缓解夏季高温对高尔夫球场草地的热胁迫，另外是想利用地下加气的方法来影响球场草根的生长。结果表明地下加气对解除热胁迫效果不明显，却能显著的促进草根系的生长，与对照相比地下加气后根系长度和重量分别增加了 22% 和 27%。彭德加斯特（Pendergast）等[5]用文丘里注射器以 12% 掺气量对棉花进行灌溉，与对照组相比，单株根重增加 17%，根系纤维含量增加 2%，主根增长 26%。并指出，掺气灌溉刺激了根系生长，根系的生长保障了冠层的发展，光拦截效率增加，光合作用效率提高，产量增加。水培条件下利用气泵对水稻根系加气发现，根系干物质积累量、根长、根体积、根系活力、根吸收面积、根系可溶性糖、GS（谷氨酰胺合成酶）、GOT（谷草转氨酶）、GPT（谷丙转氨酶）活性均有所提高，且部分品种的氮代谢增强[6]。对盆栽玉米灌溉后加气发现，灌水量为每次 600 mL，拔节期每隔 4 d 加气处理，根系活力提高 66.7%[7]。门福义等[8]通过盆栽马铃薯试验发现，加沙黏土由于改善了土

①GRABLE AR. Soil aeration and plant growth[J]. Advances in Agronomy，1966，18：57-106.

②GLINSKI J，STEPNIEWSKI W. Soil aeration and its role for plants[M]. Boca Raton，Florida：CRC Press Inc，1985：15-26.

③FOCHT D D. Diffusional constraints on microbial processes in soil[J]. Soil Science，1992，154（4）：87-107.

④WALKER R H，LI G Z. Roots improve with su mmertime air movement beneath greens[J]. Golf Course Manag，2000，68：72-76.

⑤PENDERGAST L，BHATTARAI S P，MIDMORE D J. Benefits of oxygation of subsurface drip-irrigation water for cotton in a Vertosol[J]. Crop & Pasture Science，2013，64（11-12）：1171-1181.

⑥XU CM，WANG D Y，CHEN S，et al. Effects of aeration on root physiology and nitrogen metabolism in rice[J]. Rice Science，2013，20（2）：148-153.

⑦牛文全，郭超. 根际土壤通透性对玉米水分和养分吸收的影响[J]. 应用生态学报，2010（11）：2785-2791.

⑧门福义，刘梦芸. 马铃薯栽培生理[M]. 北京：中国农业出版社，1995：15-48.

壤的加气性能，马铃薯产量提高了 88%，根数、根长、根重与地上茎比值分别增加了 100%、60% 和 40% 左右。

2.2.2.4 对叶片及光合反应速率的影响

利用文丘里注射器形成的掺气水对玉米进行灌溉，发现地下掺气灌溉下单株叶面积比滴灌下高 1.477 倍[1]。对大豆、鹰嘴豆、南瓜、番茄进行实验，表明氧灌能够增加叶片气孔导度，提高光合速率[2][3]。用超微气泡发生器处理后的水体对水稻进行灌溉，发现能够延缓剑叶衰老，延长叶片有效光合时间，增加稻米产量[4]。

2.2.2.5 对作物产量、品质及水分利用效率的影响

加气灌溉是重黏土种植下棉花增产的一个重要途径，彭德加斯特（Pendergast）等[5]对重黏土种植下连续 7 年加气灌溉下的棉花产量进行统计，发现产量平均提高 10%。对 3 种不同根系深度的作物进行多种滴头埋深氧灌试验，发现浅根作物大豆增产 43%，中根作物鹰嘴豆增产 11%，深根作物南瓜增产 15%[6]。对地下加气滴灌下的玉米连续两年研究发现，加气滴灌比传统滴灌产量提高 23.78% 和 38.46%，比地下灌溉产量提高 12.27% 和 12.5%[7]。

①ABUARAB M，MOSTAFA E，IBRAHIM M. Effect of air injection under subsurface drip irrigation on yield and water use efficiency of corn in a sandy clay loam soil.[J]. Journal of Advanced Research，2013，4（6）：493-499.

②BHATTARAI S P，SALVAUDON C，MIDMORE D J. Oxygation of the rockwool substrate for hydroponics [J]. Aquaponics Jomnal，2008，49（1）：29-35.

③BHATTARAI S P，PENDERGAST L，MIDMORE D J. Root aeration improves yield and water use efficiency of tomato in heavy clay and saline soils[J]. Scientia Horticulturae，2006，108（3）：278-288.

④ZHU LD，YU SM，JIN QY. Effects of aerated irrigation on leaf senescence at late growth stage and grain yield of rice[J]. Rice Science，2012，19（1）：44-48.

⑤PENDERGAST L，BHATTARAI S P，MIDMORE D J. Benefits of oxygation of subsurface drip-irrigation water for cotton in a vertosol[J]. Crop & Pasture Science，2013，64（11-12）：1171-1181.

⑥BHATTARAI S P，SALVAUDON C，MIDMORE D J. Oxygation of the rockwool substrate for hydroponics [J]. Aquaponics Jomnal，2008，49（1）：29-35.

⑦ABUARAB M，MOSTAFA E，IBRAHIM M. Effect of air injection under subsurface drip irrigation on yield and water use efficiency of corn in a sandy clay loam soil.[J]. Journal of Advanced Research，2013，4（6）：493-499.

古拉胡（Goorahoo）等[1][2]利用文丘里注射器来进行掺气，发现采用地下氧灌的辣椒与普通地下滴灌的辣椒相比，果实的数量和重量分别增加了33%和39%，采用地下氧灌处理的辣椒能够获得更多的植株干物质量，地下氧灌处理的根系和地上干物质量分别增加了54%和5%，并指出加气灌溉可显著促进作物根系的生长发育，进而有利于土壤水肥的吸收，最终促使作物产量和水分利用效率的提高。

根际充足的O_2保障了根系的生长，提高根系酶活力，从而提高水分利用效率。利用12%的加气水对大豆和棉花进行盆栽氧灌实验，WUE（水分利用效率）分别提高22%和16%[3]。阿布阿拉布（Abuarab）等[4]对氧灌条件下的玉米连续两年进行研究，发现在生长季氧灌条件下WUE比对照组提高44.2%和46.3%；灌溉用水效率比对照组提高9.6%和11.2%。

2.2.3 目前常用加气方式存在的主要问题

根区加气技术能够在一定程度上改善植株生理指标，增加产量和提高品质。且在重黏土、盐渍土条件下，该技术优势明显，具有良好的应用前景。该技术在国外已经得到小范围应用，但在我国至今还没有一种技术被推广。究其原因，主要是由于：1）相关技术瓶颈还未得到实质性突破，目前各加气技术自身或多或少存在不足。2）相关实验开展不足，缺乏复合参数下作物生长数据及不同加气技术间直接的效果对比。

根区加气技术提高了土壤酶活性，保障根系有氧呼吸，植株水分利用效率和矿质元素吸收能力增强。根系的高效生理活动对作物其他部分产生积极影响，如叶绿素含量提高，光合速率加强，产量及品质得到提高。但同时，不论哪种加气技术，都可能

①GOORAHOO D，CARSTENSEN G，ZOLDOSKE D. Using air in sub-surface drip irrigation（SDI）to increase yields in bell peppers[J]. Int Water Irrig，2002，22（2）：39-42.

②GOORAHOO D，CARSTENSEN G，MAZZEI A. Pilot study on the impact of air injected into water delivered through subsurface drip irrigation tape on the growth and yield of bell peppers[M]. California：California Agricultural Technology International Water and Irrigation，2001：1-23.

③BHATTARAI S P，MIDMORE D J. Oxygation enhances growth，gas exchange and salt tolerance of vegetable soybean and cotton in a saline vertisol[J]. Journal of Integrative Plant Biology，2009，51（7）：675-688.

④ABUARAB M，MOSTAFA E，IBRAHIM M. Effect of air injection under subsurface drip irrigation on yield and water use efficiency of corn in a sandy clay loam soil.[J]. Journal of Advanced Research，2013，4（6）：493-499.

比现行常规灌溉方式付出额外的设备费用、管件费用、电费、人工费等。这就需要在实施前对其进行系统分析及计算，各项额外费用需小于其增产效益时加气技术才有实际应用价值。且目前各加气技术还都存在一定缺陷或不足，有待进一步改进。下面就目前常用的根区加气技术局限性及不足之处进行总结。

2.2.3.1 灌后加气法

灌后加气与传统地下滴灌一样，滴头通常有一定深度，土壤表层供水不足，影响种子的萌发和出苗。灌溉后利用气泵加气，因其动力消耗费用高很难大面积推广应用，此外，土壤作为开放介质，注入其孔隙中的气体迅速向外逸散，令该方法的实际效果大打折扣[①]。且该方法加气量无法精确控制，过度加气会对作物产生一定负面影响。赵锋等[②]向营养液培养的水稻连续增氧，发现水稻根数减少，根粗减小，根长缩短，叶绿素含量下降，干物质积累量降低。并指出连续增氧NRA（硝酸还原酶）活性增加、GSA（谷酰胺合成酶）活性受到抑制，从而氮代谢受到抑制，光合效率降低，最终降低了植株的干物质积累。

2.2.3.2 水气同步灌溉法

超微气泡发生器多用于污水处理技术中，利用该技术进行水气同步灌溉的研究相对较少，仅在水稻灌溉研究中有少量报道。就水稻而言，该技术能够加快分蘖发生，增加叶面积指数及干物质积累，提高有效穗数及结实率，提高稻米产量。但相关研究目前尚处于初步阶段，其他作物鲜有报道，该技术还不够成熟，且器材较为昂贵，大面积推广还有一定难度。

2.2.3.3 掺气灌溉法

利用文丘里注射器对地下灌溉进行加气是目前国际上最为常用的一种加气技术，该技术在传统地下滴灌的基础上仅需增加文丘里注射器同时调节水压就可实现掺气灌溉，加气成本相对低廉。且相关研究较多，关于白菜、大豆、棉花、西葫芦等均有报

---

①GOORAHOO D，CARSTENSEN G，MAZZEI A. Pilot study on the impact of air injected into water delivered through subsurface drip irrigation tape on the growth and yield of bell peppers[M]. California：California Agricultural Technology Institute，2001：1-23.

②赵锋，张卫建，章秀福，等.连续增氧对不同基因型水稻分蘖期生长和氮代谢酶活性的影响[J].作物学报，2012（02）：344-351.

道[①②]，多项研究表明，该技术对重黏土和盐渍土条件下作物产量及品质有显著提升。但掺气后管道内会出现气体分布不均的现象。最初，古拉胡（Goorahoo）等[③]对灯笼椒进行实验，发现增产效益随58 m长的氧灌管道逐渐减弱。又利用300m长的灌溉管对番茄进行氧灌，也发现入水口端产量比末端高。随后托拉比（Torabi）等[④]研究证实加气后管道内气体含量沿管道有逐渐降低的趋势。巴特拉伊（Bhattarai）等[⑤]利用摄像系统对管带内水气传输过程进行拍照，分析发现，文丘里注射器进行加气时，水气分布不均，随距离增加灌溉水含气量下降。但在灌溉水体中加入2 ppm（百万分之二）表面活性剂后，能够在一定程度上增强水、气的均匀性。

2.2.3.4 化学加氧法

利用低浓度双氧水进行灌溉能够提高作物根际氧含量，该技术简便、快捷，在一定程度上缓解了根际低氧胁迫，改善作物生理指标，提高产量。但该方法局限性较强，双氧水易分解，运输和储存不便，且氧化性较强，对作物、土壤结构、土壤生物等存在潜在危害[⑥]。

2.2.3.5 其他加气法

利用栽培槽改善根际氧含量的技术环保无害，对植株株高、茎粗、生物量、作物产量及品质均有显著提高。但槽栽法前期较为费工，种植前需对土层下进行预处理，

---

①BHATTARAI S P，MIDMORE D J. Oxygation enhances growth，gas exchange and salt tolerance of vegetable soybean and cotton in a saline vertisol[J]. Journal of Integrative Plant Biology，2009，51（7）：675-688.

②BHATTARAI S P，HUBER S，MIDMORE D J. Aerated subsurface irrigation water gives growth and yield benefits to zucchini，vegetable soybean and cotton in heavy clay soils[J]. Annals of Applied Biology，2004，144（3）：285-298.

③GOORAHOO D，CARSTENSEN G，ZOLDOSKE D. Using air in sub-surface drip irrigation（SDI）to increase yields in bell peppers[J]. International Water and Irrigation，2002，22（2）：39-42.

④TORABI M，MIDMORE D J，Walsh K B，et al. Analysis of factors affecting the availability of air bubbles to subsurface drip irrigation emitters during oxygation[J]. Irrigation Science，2013，31（4）：621-630.

⑤BHATTARAI S P，BALSYS R J，WASSINK D，et al. The total air budget in oxygenated water flowing in a drip tape irrigation pipe[J]. International Journal of Multiphase Flow，2013，52：121-130.

⑥BHATTARAI S P，PENDERGAST L，MIDMORE D J. Root aeration improves yield and water use efficiency of tomato in heavy clay and saline soils[J]. Scientia Horticulturae，2006，108（3）：278-288.

目前研究多在小型温室内进行，大田应用前期施工量大、成本高，难以大范围推广。

2.2.4 需要进一步研究的内容

以往的研究多集中于单因素处理对作物产量、品质提升，有关利用气泵借助地下滴灌带对土壤加气频率、灌水上限、地下滴灌带埋深复合因素下温室大棚种植作物光合特性、土壤微生物、土壤酶相关研究不够充分，对其增产机理研究不足。具体而言，以下几个问题需要深入研究：

（1）现有研究多为单因素或两因素下加气灌溉效益研究，考虑多因素下的加气灌溉研究不足，因而本研究在综合前人研究基础上进行正交试验设计，考虑地下滴灌带埋深、加气频率、加气量、灌水上限等因素进行试验，并对不同因素间的交互作用进行分析。

（2）目前加气灌溉相关研究多关注于产量及品质，相比而言，加气条件下土壤微生物、土壤酶活性研究较少，为提高土壤养分循环和利用效率，本研究从土壤微生物需氧角度对加气条件下土壤微生物数量、土壤酶活性进行研究，试图阐明作物增产的部分机理。

（3）根系的研究是研究加气灌溉有效性的突破口，大量的研究集中在作物水分利用效率、品质等方面，对植株根系形态、分布、生理活性等还有待进一步深入研究，因此本研究继续在前人研究的基础上，进一步阐明加气灌溉下根系形态、根系生理特性的变化。

（4）目前已有研究表明，加气灌溉对盐渍土条件下作物种植具有良好的经济效益，但有关提高作物产量及改善品质的机理尚不明确，非常有必要开展室内模拟研究，探明盐渍土条件下增产的生理机理。

第三章
根区加气对植株生长的影响

灌溉设施为作物提供水分的同时，驱排土壤空气，常因土壤水分含量过高阻碍O_2、CO_2在大气与土壤间的交换，造成土壤氧含量下降[1][2][3]。低氧胁迫下根系细胞能量供应受到限制，根系活力降低，根系对水分和养分吸收减少，地上营养物质运输不足，限制了植株的生长[4]。其次，低氧条件下细胞启动无氧呼吸，将消耗更多的干物质[5]，且无氧呼吸产生的乙醇等次级代谢产物无法被完全氧化，累积到一定程度会对植株内环境造成损害[6]。研究表明根际CO_2浓度达 2500 $\mu L \cdot L^{-1}$ 以上或根际氧浓度降至 10% 以下时，甜瓜根系的生长受到抑制，乳酸脱氢酶（LDH）、乙醇脱氢酶（ADH）和丙酮酸脱羧酶（PDC）活性较对照显著升高，根系有氧呼吸受到明显抑制，果实发育受到影

①BHATTARAI S P，PENDERGAST L，MIDMORE D J. Root aeration improves yield and water use efficiency of tomato in heavy clay and saline soils[J]. Scientia Horticulturae，2006，108（3）：278−288.

②BHATTARAI S P，SU N，MIDMORE D J. Oxygation unlocks yield potentials of crops in oxygen - limited soil environments[J]. Advances in Agronomy，2005，88：313−377.

③KUZYAKOV Y，CHENG W. Photosynthesis controls of rhizosphere respiration and organic matter decomposition[J]. Soil Biology & Biochemistry，2001，33（14）：1915−1925.

④FUKAO T，BAILEY−SERRES J. Plant responses to hypoxia – is survival a balancing act?[J]. Trends in Plant Science，2004，9（9）：449−456.

⑤GORAI M，ENNAJEH M，KHEMIRA H，et al. Combined effect of NaCl−salinity and hypoxia on growth，photosynthesis，water relations and solute accumulation in Phragmites australis plants[J]. Flora − Morphology，Distribution，Functional Ecology of Plants，2010，205（7）：462−470.

⑥KATOH H，GUO S R，NADA K，et al. Differences between tomato（*Solanum，lycopersicon* Mill.）and cucumber（*Cucumis sativus* L.）in ethanol，lactate and malate metabolisms and cell sap pH of roots under hypoxia[J]. Journal of the Japanese Society for Horticultural Science，1999，68：152−159.

响[1][2][3]。

加气灌溉能够有效改善根区氧环境，提高植株根系活力，改善植株生理功能，间接提高水分利用效率、使植株长势更好、作物产量更高。如根区加气对棉花、大豆、西葫芦、南瓜、黄瓜、番茄、稻米等作物产量及品质提升均有一定作用，且在黏重土壤及盐渍土条件下具有良好的应用效果[4][5][6]。

甜瓜、番茄等作物的生长受自身遗传特性及栽培管理方式、气候、土壤环境等多方面外界因素的共同影响。其中，土壤盐渍化是限制番茄生长、发育及产量形成的主要因子之一[7]。番茄主要种植于全球温暖和干旱地区，而这些地区土壤盐渍化程度往往相对较高[8]。联合国环境署估算全球约20%的耕地和约50%的灌溉土地都受到不同程度的盐害威胁，中国各类盐渍土面积总和约为0.99亿ha[9]。近年来，中国设施园艺发展迅猛，种植面积从1980年的0.7万ha发展到2010年的344.3万ha，30年间增加了近500倍[10]。然而，设施大棚长期处于半封闭状态，缺少雨水淋洗，同时因番茄连作加之肥料

---

①刘义玲，李天来，孙周平，等.根际低氧胁迫对网纹甜瓜光合作用、产量和品质的影响[J].园艺学报，2009（10）：1465-1472.

②李天来，陈红波，孙周平，等.根际通气对基质气体、肥力及黄瓜伤流液的影响[J].农业工程学报，2009（11）：301-305.

③李天来，陈亚东，刘义玲，等.根际CO_2浓度对网纹甜瓜根系生长和活力的影响[J].农业工程学报，2009（04）：210-215.

④BHATTARAI S P，SALVAUDON C，MIDMORE D J. Oxygation of the rockwool substrate for hydroponics [J].Aquaponics Jomnal，2008，49（1）：29-35.

⑤BHATTARAI S P，MIDMORE D J，PENDERGAST L. Yield，water-use efficiencies and root distribution of soybean，chickpea and pumpkin under different subsurface drip irrigation depths and oxygation treatments in vertisols[J].Irrigation Science，2008，26：439-450.

⑥BHATTARAI S P，HUBER S，MIDMORE D J. Aerated subsurface irrigation water gives growth and yield benefits to zucchini，vegetable soybean and cotton in heavy clay soils[J].Annals of Applied Biology，2004，144（3）：285-298.

⑦罗黄颖，高洪波，夏庆平，等.γ-氨基丁酸对盐胁迫下番茄活性氧代谢及叶绿素荧光参数的影响[J].中国农业科学，2011，44（4）：753-761.

⑧FOOLAD M R. Recent advances in genetics of salt tolerance in tomato[J].Plant Cell，Tissue and Organ Culture，2004，76：101-119.

⑨石玉林.西北地区土地荒漠化与水土资源利用研究[M].北京：科学出版社，2004：1-468.

⑩郭世荣，孙锦，束胜，等.我国设施园艺概况及发展趋势[J].中国蔬菜，2012（18）：1-14.

的不合理使用，极易造成土壤次生盐渍化[①]。据调查，次生盐碱化土壤面积还在继续扩大，将会给农业生产造成重大损失[②]。在中国主要蔬菜种植区，设施大棚土壤电导率超出蔬菜正常生长土壤电导率临界值（$600\ \mu s \cdot cm^{-1}$）的占 29.3%，设施蔬菜栽培可持续发展面临的重大挑战[③④]。因此，针对盐渍土条件下种植技术的研究显得尤为重要。

一般来说，由于土壤盐渍化而使土壤水势降低超过 0.05M Pa 时即被认为是盐害[⑤]。盐分胁迫对植株的危害可分为原初盐害和次生盐害[⑥]。盐分改变了细胞质膜的组分、透性、离子运输等而使膜的结构和功能受到损害称为原初盐害，其中又包括离子胁迫和氧化胁迫。质膜受到损害后，进一步影响到细胞的代谢称为间接原初盐害，如光合作用、蛋白合成受到抑制，体内毒素的积累等。由于盐胁迫导致土壤水势降低对植株产生的渗透胁迫及离子间因竞争引起某些营养元素的缺乏造成营养胁迫称为次生盐害。在各种盐分胁迫当中，Na^+ 和 Cl^- 对植物的危害最为普遍和严重，易造成单盐毒害，改变细胞外液渗透压造成渗透胁迫及植株营养亏缺，还会对 Ca^{2+}、K^+ 等离子的吸收产生拮抗作用[⑦⑧]。

治理和利用盐渍土不外乎两种途径：①通过工程、化学、物理、生物等措施，治理和改良盐渍土，使其适应于更多作物的生长；②通过植物抗盐机理的研究，培育抗盐品种，适应盐土环境[⑨]。对第一种途径的探索，付出了巨大的努力，也取得了一定成就。如通过灌溉洗盐、深耕或是种植耐盐植物吸收土壤盐分离子降低表层土壤全盐含

①张洁，常婷婷，邵孝侯.暗管排水对大棚土壤次生盐渍化改良及番茄产量的影响[J].农业工程学报，2012（03）：81-86.

②宿越，李天来，李楠，等.外源水杨酸对氯化钠胁迫下番茄幼苗糖代谢的影响[J].应用生态学报，2009（06）：1525-1528.

③黄绍文，王玉军，金继运，等.我国主要菜区土壤盐分、酸碱性和肥力状况[J].植物营养与肥料学报，2011（04）：906-918.

④王遵亲，祝寿泉，俞仁培.中国盐渍土[M].北京：科学出版社，1993：1-65.

⑤赵福庚，何龙飞，罗庆云.植物逆境生理生态学[M].北京：化学工业出版社，2004：75-121.

⑥刘友良，汪良驹.植物对盐胁迫的反应和耐盐性：植物生理与分子生物学[M].北京：科学出版社，1999：18-35.

⑦JIANG H，FAN Q，LI J，et al. Naturalization of alien plants in China[J]. Biodiversity and Conservation，2011，20（7）：1545-1556.

⑧YAMAGUCHI T，HAMAMOTO S，UOZUMI N. Sodium transport system in plant cells[J]. Frontiers in Plant Science，2013，4：410.

⑨赵福庚，何龙飞，罗庆云.植物逆境生理生态学[M].北京：化学工业出版社，2004：75-121.

量[1][2][3]，增施土壤改良剂亦可降低土壤中交换性钠盐比例以减轻盐胁迫。而这些技术或多或少都存在一些缺陷或应用局限性。如洗盐技术成本高、实施困难，种植耐盐植物经济效益低、见效慢，土壤改良剂可能会对土壤造成二次污染等。根区加气技术作为一种新型耕作技术，目前已探明该技术对黏壤土种植下的作物具有显著的增产效益[4][5]。然而专门针对在盐渍土种植下作物的研究相对较少。前人研究表明，根区加气能够减轻盐胁迫对叶肉细胞和根系表皮细胞造成的损害[6]，降低盐渍土种植下植株体内Na^+的积聚[7]。巴特拉伊（Bhattarai）等[8]对盐渍土种植下的棉花和大豆根区进行加气后发现，产量分别提高了18%和13%，水分利用效率分别提升了16%和22%。然而，目前专门针对不同土壤NaCl胁迫程度下土壤加气后对番茄生长及果实品质的研究还未见报道。

本章节分析了各因素及其交互作用对黏壤土种植下传统大棚甜瓜、番茄及盐渍土条件种植下番茄的植株生长和干物质积累的影响。以甜瓜、番茄为试材，通过大棚试验并结合盆栽试验，通过设置不同的加气频率、加气量、灌水上限、地下滴灌带埋深等多因素条件，分析根系需氧特性，阐明加气灌溉下作物增产的规律，探讨加气灌溉

---

①ARAYA A，XIONG X，ZHANG H，et al. Deep tillage plough down to 600 mm for improvement of salt-affected soils：Part 3：Field experiments [J]. Engineering in Agriculture，Environment and Food，2012，5（3）：107-115.

②HASANUZZAMAN M，NAHAR K，ALAM M M，et al. Potential use of halophytes to remediate saline soils [J]. BioMed Research International，2014，2014：1-12.

③沈根祥，杨建军，黄沈发，等. 塑料大棚盐渍化土壤灌水洗盐对水环境污染负荷的研究 [J]. 农业工程学报，2005（01）：124-127.

④李元，牛文全，张明智，等. 加气灌溉对大棚甜瓜土壤酶活性与微生物数量的影响 [J]. 农业机械学报，2015，46（08）：121-129.

⑤李元，牛文全，许健，等. 加气滴灌提高大棚甜瓜品质及灌溉水分利用效率 [J]. 农业工程学报，2016，32（01）：147-154.

⑥BHATTARAI S P，MIDMORE D J. Influence of soil moisture on yield and quality of tomato on a heavy clay soil [J]. Proceedings of the International Symposium on Harnessing the Potential of Horticulture in the Asian-Pacific Region，2005（694）：451-454.

⑦LETEY J. Aeration，compaction and drainage [J]. California Turfgrass Culture，1961，11：17-21.

⑧BHATTARAI S P，MIDMORE D J. Oxygation enhances growth，gas exchange and salt tolerance of vegetable soybean and cotton in a saline vertisol [J]. Journal of Integrative Plant Biology，2009，51（7）：675-688.

增产及作物品质提升的内在机理。为提高作物产量和品质提供依据，也为生产上进行加气灌溉提供指导。

3.1 试验地概况及试验方案

3.1.1 试验地概况

3.1.1.1 大棚试验地概况

大棚内共进行两茬试验，种植作物分别为甜瓜和番茄。甜瓜试验于 2014 年 4 月 24 日至 7 月 12 日在陕西杨凌（108° 02′ E，34° 17′ N）温室大棚内进行，供试甜瓜品种为陕甜一号，大棚前茬种植番茄。番茄试验于 2014 年 10 月 18 日至 2015 年 5 月 20 日在进行。试材番茄品种为粉玉阳岗，采用穴盘育苗，20 d 移栽并覆膜。

试验区属半干旱偏湿润区，年均日照时数 2163.8 h，无霜期 210 d。试验大棚长 108 m，宽 8 m，脊高 3.5 m（图 3-1）。栽培小区长 5.5 m，宽 1.5 m，各小区间隔 1 m，采用高畦双行栽培，畦长 5.5 m，畦面宽 0.6 m，高 0.2 m，畦沟深 0.15 m。试验用土为杨凌当地墣土，土样基本物理性质如表 3-1 所示。甜瓜生育期内所有小区施肥、打药等常规的农艺管理措施均一致。

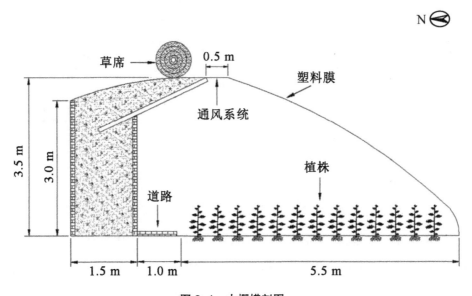

图 3-1 大棚横剖图

表 3-1　供试土样基本物理性质

土壤颗粒组成			土壤容重 / (g . cm⁻³)	土壤孔隙度 /%	田间持水量 (质量含水率) /%	pH
砂粒（2-0.02 mm）/%	粉粒（0.02-0.002 mm）/%	黏粒 （<0.002 mm） /%				
25.4	44.1	30.5	1.34	49.38	28.17	7.82

3.1.1.2 盆栽试验地概况

盆栽试验于 2014 年 10 月至 2015 年 3 月在陕西杨凌西北农林科技大学南校区温室内进行（108° 04′ E，34° 20′ N）。温室结构为房脊型，长 10 m，宽 4 m，高 3.8 m。所处地理位置属暖温带季风半湿润气候区，年均日照时数 2163.8 h，无霜期 210 d。供试土壤类型为塿土，取自陕西杨凌区大寨村农田 0~20 cm 表层土，过 2 mm 筛备用。试验用土容重为 1.35 g·cm⁻³，土壤孔隙度 49.1%，田间持水量（质量含水率）26.6%，pH7.91。土壤颗粒组成：砂粒（2~0.02 mm）占 24.5%，粉粒（0.02-0.002 mm）占 33.2%，黏粒（<0.002 mm）占 42.3%。土壤基本离子浓度如表 3-2 所示。供试番茄品种为粉玉阳岗，大棚内穴盘育苗，20 d 秧龄时选取长势一致的种苗移栽，定植后覆膜。所有小区施肥、打药、绑枝、打叉、摘心等管理措施均一致。

表 3-2　供试土样离子浓度

电导率 / (μs·cm⁻¹)	氧化还原电位 / mV	阴离子 / mM			阳离子 / mM			
		SO_4^{2-}	NO_3^-	Cl^-	K^+	Na^+	Ca^{2+}	Mg^{2+}
364.2	−53.4	6.4	27.2	4.6	3.5	6.3	11.1	4.7

3.1.2 试验设计方案

3.1.2.1 大棚甜瓜试验设计

每个小区内铺设 2 条地下滴灌带（杨凌天雨节水绿化工程有限公司），直径 16 mm，滴头间距 30 cm，滴灌带间距 50 cm。土壤中所通气体为空气，在干管上连接气泵（上海宝欧机电有限公司/3.0HP），每条支管上分别安装一个阀门，便于独立控制灌水量和加气量，通过地下滴灌带为作物供水、供气。将 20 d 苗龄的幼苗移栽后覆膜，种植行距 0.5 m，株距 0.4 m。每个小区栽培 2 行，每行 13 株（图 3-2）。所有小区施肥、灌溉、打药等田间管理措施均一致。

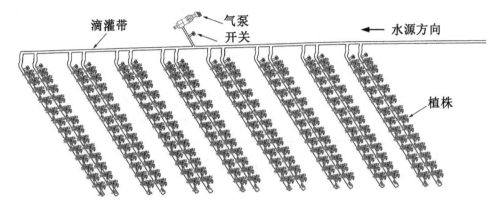

图 3-2 大棚试验布设图

采用正交试验设计，设 3 个水平灌水上限、4 个水平加气频率、3 个水平地下滴灌带埋深。由于本试验中没有可直接套用的正交表，故采用部分追加正交试验设计。即将两张 $L_9(3^4)$ 正交表叠加后剔除重复，得到 $L_{12}(4 \times 3^2)$ 准正交表。两张正交表滴灌带埋深均设 10、25、40 cm 3 个梯度；灌水上限均设 70%、80%、90% 田间持水量 3 个梯度；加气频率分别设不加气、1 d 1 次、2 d 1 次 3 个梯度和 1 d 1 次、2 d 1 次、4 d 1 次 3 个梯度。剔除重复后共 12 个处理（表 3-3），随机区组排列，3 次重复。

每次加气量依照公式[①]：

$$V = 1/1000 \ SL \ (1 - \rho_b/\rho_s) \qquad (3.1)$$

式中 V 为每次加气量（L），S 为垄的横截面积（1500 cm^2），L 为垄长（550 cm），ρ_b 为土壤容重（1.34 $g \cdot cm^{-3}$），ρ_s 为土壤密度（2.65 $g \cdot cm^{-3}$），据此得出每个小区加气量为 407.83 L，按照气泵铭牌标示功率及出气量换算为相应的加气时间，以时间控制加气量，于每天 17：00-19：00 间一次性加气，试验中不考虑土壤中气体的逃逸。

灌水量依据公式计算[②]：

$$M = S\rho_b h\theta_f \ (q_1 - q_2) \eta \qquad (3.2)$$

其中 M 为灌水量（m^3），S 为计划湿润面积（5.5 m^2），ρ_b 为土壤容重（1.34 $g \cdot cm^{-3}$），h 为湿润层深度（0.2 m），θ_f 为田间最大持水量（质量含水率，%），q_1、q_2 分别为灌

---

①谢恒星，蔡焕杰，张振华. 间接地下滴灌对温室甜瓜植株性状、品质和产量的影响[J]. 灌溉排水学报，2010（03）：50-52.

②裴芸，别之龙. 塑料大棚中不同灌水量下限对生菜生长和生理特性的影响[J]. 农业工程学报，2008（09）：207-211.

水上限、土壤实测含水率（质量含水率，%），η为水分利用系数，地下滴灌取值 0.95。用烘干法测定土壤含水量，全生育期灌水共 3 次，定植时漫灌，各小区灌水量相同，定植后 25 d（5 月 19 日）和 54 d（6 月 17 日）各灌水 1 次，每次补充水分至试验设计所需水分。利用土钻在小区内两条滴灌带之间取样，用干燥法测定土壤含水率。

表 3-3 大棚甜瓜试验处理方案

处理号	滴灌带埋深 cm（D）	加气频率（A）	灌水上限 %（I）
D10ANI70	10	不加气（N）	70
D10A1I80	10	1 d 1 次	80
D10A2I90	10	2 d 1 次	90
D10A4I70	10	4 d 1 次	70
D25ANI80	25	不加气（N）	80
D25A1I90	25	1 d 1 次	90
D25A2I70	25	2 d 1 次	70
D25A4I80	25	4 d 1 次	80
D40ANI90	40	不加气（N）	90
D40A1I70	40	1 d 1 次	70
D40A2I80	40	2 d 1 次	80
D40A4I90	40	4 d 1 次	90

3.1.2.2 大棚番茄试验设计

试验中每个小区内铺设直径 16 mm 的两条地下滴灌带，滴头间距 30 cm，滴灌带间距 0.5 m。滴灌干管与气泵连接，通过地下滴灌带为土壤供水、供气。对 20 d 苗龄的幼苗移栽后覆膜，种植行距 0.5 m，株距 0.4 m。每个小区栽培两行，每行 13 株。

试验设 2 个水平滴灌带埋深（D），D15 和 D40 分别为滴灌带埋深 25 cm 和 40 cm；3 个水平加气频率（F），F0、F2、F4 分别为不加气、2 d 加气 1 次和 4 d 加气 1 次处理，针对加气频率的研究，加气量均为标准加气量；设 4 个水平加气量（V），V0、V1、V2、V3 分别为不加气及标准加气量的 0.5 倍、1 倍、1.5 倍，针对加气量的研究加气频率均为 2 d 加气 1 次。标准加气量按照公式 3.1 计算。分别开展滴灌带埋深和加气频率，滴灌带埋深和加气量的两个试验。两试验设计共计 12 种处理（表 3-4），每个处理重复 3 次，其中两个试验共用同滴灌带埋深 15 cm 及 40 cm 下不加气处理。所有小区施肥、灌溉及田间管理水平均一致。

表 3-4　大棚番茄试验处理方案

试验	滴灌带埋深 - 加气量处理组合试验								滴灌带埋深 - 加气频率处理组合试验			
埋深（D）	D15	D15	D15	D15	D40	D40	D40	D40	D15	D15	D40	D40
加气频率（F）	F0	F2	F2	F2	F0	F2	F2	F2	F4	F2	F4	F2
加气量（V）	V0	V1	V2	V3	V0	V1	V2	V3	V2	V2	V2	V2

3.1.2.3　盆栽番茄试验设计

塑料盆口内径 28.5 cm，下底内径 21 cm，高 24 cm。将 NaCl、肥料与土壤混匀后统一装桶，并用稀释 800 倍的多菌灵溶液进行消毒处理，每桶装土 13 kg。各处理施肥量相同，每桶添加肥料：磷肥（N 18%，P_2O_5 46%）13.6 g；复合肥（N 12%，P18%，K15%）6 g；有机肥（有机质 > 35%）28 g。装土前，在距盆底 5 cm 处以螺旋形式埋入直径 6 mm 塑料软管，埋入土壤部分的软管在管壁上每隔 10 cm 打 3 个直径为 2 mm 的对称小孔，连续打 10 个孔，装土后外留约 15 cm 方便与空气压缩机连接。为了防止土壤颗粒堵塞通气孔影响加气效果，用透气丝棉裹于小孔处。为保证不漏气，盆底不打孔。在盆中央垂直埋入直径 1.7 cm 长 22.0 cm 的 PVC 灌水管，管壁每隔 3 cm 打两个出水孔。灌水管底端距盆底约 5 cm，每次灌水后用橡胶塞塞紧灌水管进口。定植后覆膜以减少水分蒸发。定植时各处理的初始灌水量相等，均为 3.5 L，定植后每隔 4 d 灌水 1 次，每次灌水均为 0.8 L，试验时先灌水后加气。

试验采用全因子实验设计，设 4 个水平加气量、3 个水平土壤 NaCl 浓度，1 个对照，共 13 个处理（图 3-3），每个处理重复 8 次。对照（CK）为非盐化土未加气；A0、A1、A2、A3 分别为未加气及标准加气量的 0.5 倍、1 倍、1.5 倍；S1、S2、S3 分别表示轻度盐化土、中度盐化土、重度盐化土。利用气泵进行加气，以土壤孔隙率的 50% 作为标准加气量，定植后每 2 d 加气 1 次。通过气泵铭牌标示换算为相应的加气时间，以时间控制实际加气量。人工添加 NaCl 配制成盐化土，非盐化土及配制后轻度、中度、重度盐化土 Na^+ 浓度分别为 6、29、75 和 121 mM；Cl 浓度分别为 5、28、74 和 120 mM。

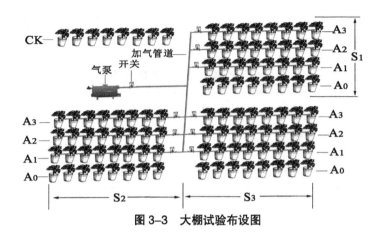

图 3-3　大棚试验布设图

3.1.3　生长指标、干物质积累指标测定方法

株高用米尺测量，茎粗用电子游标卡尺于基茎部测量，测量时间均为植株打顶前。每个小区随机选取长势一致的 3 株番茄，对植株地上部分进行全部刈割，将茎、叶分放入烘箱中于 105 ℃杀青 15 min，75 ℃烘干至恒重，用 1/100 天平称质量。以植株茎杆为中心挖一直径约 0.6 m 深约 0.5 m 的坑获取植株根系，小心抖落根际土壤并拣拾残落根系用小水流缓慢冲洗掉泥土，冲洗时将根系及土体放置在 100 目钢筛上，以尽量减少根系丢失。根系洗净后放入烘箱中于 105 ℃杀青 15 min，75 ℃烘干至恒重并称量。计算植株根冠比及植株根、茎、叶干重在总干重中所占比例，根冠比=根系干重/（整株干样质量–根干样质量）。

3.1.4　主要的统计方法

试验数据利用 Excel 软件进行整理，第一茬甜瓜正交试验采用极差分析。采用 SPSS 22.0 软件进行交互作用方差分析，利用 SPSS 22.0 的 T-test，Duncan's 新复极差法进行显著性检验，Pearson 法进行相关性分析，Origin Pro 9.0 软件作图。

3.2　根区加气对甜瓜生长的影响

3.2.1　对甜瓜株高和茎粗的影响

由图 3-4 可知，加气灌溉对植株打顶前 5 次株高均有显著影响，对 25、40 和 48 d 茎粗有显著性差异。其中 18 d、25 d、40 d 和 48 d 株高最高处理均为 D10A1I80 处理。对茎粗分析发现，25 d 和 48d 处理下 D25A1I90 处理达最大值。48 d 时埋深 40 cm 每天 1 次和 2 d 加气 1 次处理株高、茎粗均显著高于 4 d 加气 1 次和不加气处理。

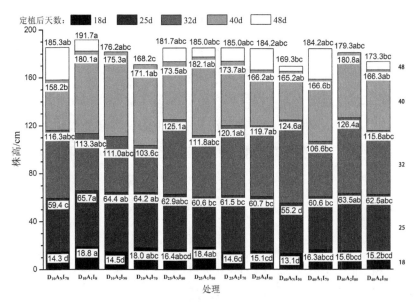

（a）株高

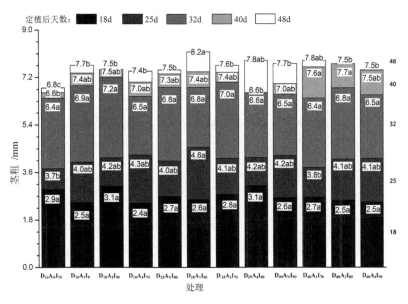

（b）茎粗

图 3-4　根区加气技术对甜瓜株高和茎粗的影响

注：图中 D 表示滴灌带埋深：D10、D25、D40 分别表示滴灌带埋深 10 cm、25 cm、40 cm；A 表示加气频率：AN、A1、A2、A4 分别表示不加气、1d 加气 1 次、2d 加气 1 次、4d 加气 1 次；I 表示灌溉水分控制上限：I70、I80、I90 分别表示灌水控制上限为田间持水量的 70%、80%、90%。不同小写字母表示差异显著性水平，P<5% 水平显著。下同。

3.2.2　根区加气对甜瓜干物质积累的影响

对成熟期植株根、茎、叶干重及总干重分析发现（图 3-5），加气处理地上干物质积累和根系干重均高于不加气处理。D40A1I70 处理根、茎、叶干重及总干重均达最大值。加气处理根系干重均高于未加气处理，加气频率越高则根系干重越大。地上干重有随加气频率和滴灌带埋深增加而升高的趋势。

极差分析发现（图 3-6），提高植株总干重的最佳处理为 $D_{40}A_1I_{90}$，三因素对总干重影响大小依次为加气频率、滴灌带埋深和灌水上限。提高加气频率和增加滴灌带埋深均可增加根、茎、叶及植株总干重，提高灌水上限能够增加叶和植株总干重。

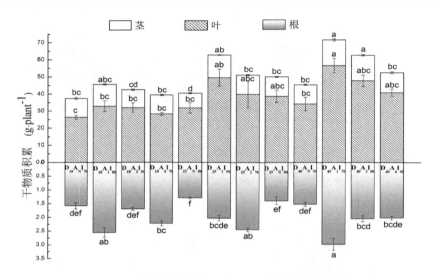

图 3-5 不同加气灌溉处理对甜瓜干物质积累的影响

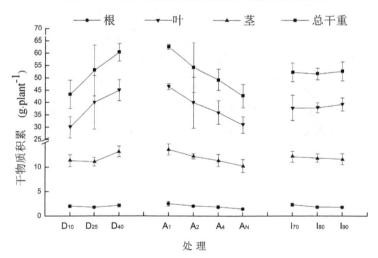

图 3-6 加气灌溉对植株干物质积累影响的极差分析

对植株总干重和根冠比分析发现（表 3-5），植株总干重有随加气频率和滴灌带埋深增加而增大的趋势。滴灌带埋深和加气频率对总干重有极显著影响，灌水上限和滴灌带埋深、灌水上限和加气频率交互作用对总干重有显著影响。D10A1I80 处理根冠比最大，D25A4I80 处理根冠比最小，灌水上限对根冠比有显著影响。

表 3-5　加气灌溉下甜瓜干物质累积量

处理	总干重 /g	根冠比 /%
D10ANI70	39.11c	4.03abc
D10A1I80	48.17bc	5.40a
D10A2I90	44.20bc	3.89abc
D10A4I70	41.58c	5.35a
D25ANI80	41.79c	3.19c
D25A1I90	64.81ab	3.27bc
D25A2I70	53.60abc	5.22ab
D25A4I80	51.53bc	2.77c
D40ANI90	46.97bc	3.32bc
D40A1I70	74.69a	4.09abc
D40A2I80	64.74ab	3.23bc
D40A4I90	54.59abc	3.70abc
F 值 F value		
埋深 D	6.686**	3.101ns
加气频率 A	4.876**	0.865ns
灌水上限 I	0.028ns	4.328*
D×A	0.440ns	2.395ns
D×I	3.821*	2.214ns
A×I	2.659*	2.366ns

注：表中同列数据后不同字母表示差异显著性水平，小写字母为 $P<5\%$。* 和 ** 分别代表 $P<5\%$ 和 $P<1\%$ 水平上差异显著，ns 表示差异不显著（$P>5\%$）。

3.3 根区加气对番茄植株生长的影响

3.3.1 对番茄株高茎粗的影响

表 3-6 为定植后 25 d、46 d、65 d、73 d、82 d 和 96 d 的株高和茎粗。根区加气对番茄定植后 25~73 d 株高和茎粗有显著性影响，对定植后 46 d、96 d 茎粗有显著性影响。滴灌带埋深对定植后 82 d 的株高和茎粗均有显著性影响。单因素方差分析表明滴灌带埋深和加气量两因素交互作用对定植后 25 d、46 d、73 d 的株高有显著性影响。虽然根区加气对于定植后 82~96 d 番茄植株的株高没有显著性影响（$P>5\%$），但株高也随加气量的升高而升高。定植后 65 dV3 处理下，不同的滴灌带埋深对株高有显著性影响。定植后 82 dV2 和 CK 处理下，不同的滴灌带埋深对茎粗有显著性影响。

6

表 3-6 不同滴灌带埋深和加气量处理

| 定植后天数
(Days after transplant) | CK | | | V1 | | |
	D15	D40	T-test	D15	D40	T-test
株高 (Plant height) /cm						
25	36.44 ± 2.40c	36.22 ± 2.59c	ns	38.33 ± 1.66bc	37.67 ± 1.66bc	ns
46	58.33 ± 2.18bc	51.11 ± 2.03c	**	53.89 ± 7.27bc	54.78 ± 2.99bc	ns
65	77.22 ± 8.94cd	75.33 ± 6.75d	ns	83.11 ± 6.01abc	81.89 ± 3.52abc	ns
73	78.44 ± 8.88d	91.89 ± 4.86c	**	92.33 ± 3.91bc	89.00 ± 2.24c	*
82	102.22 ± 11.40abc	95.22 ± 7.05c	ns	101.67 ± 5.70abc	97.00 ± 3.46bc	ns
96	114.44 ± 11.49a	114.33 ± 4.85a	ns	113.44 ± 7.23a	114.44 ± 9.37a	ns
茎粗 (Stem diameter) /mm						
25	6.91 ± 1.47bc	6.82 ± 1.05c	ns	7.49 ± 2.19abc	7.69 ± 0.84abc	ns
46	7.17 ± 0.66c	7.02 ± 1.41c	ns	7.48 ± 0.62bc	7.37 ± 1.06bc	ns
65	9.21 ± 0.97ab	7.56 ± 1.68b	*	10.07 ± 3.27ab	8.14 ± 3.00b	ns
73	10.35 ± 0.52ab	7.80 ± 1.32b	**	10.61 ± 4.08ab	9.75 ± 3.15ab	ns
82	9.63 ± 1.62b	11.53 ± 0.84ab	**	10.46 ± 1.90ab	11.80 ± 2.33a	ns
96	8.95 ± 2.03b	8.83 ± 1.39b	ns	10.56 ± 1.49ab	9.72 ± 1.16ab	ns

注：表中 36.44±2.40 表示平均值 ± 标准差，同列数据后不同字母表示差异显著性水平，小写字

组合对番茄株高和茎粗的影响

V2			V3			F 值（F-value）		
D15	D40	T−test	D15	D40	T−test	V	D	V*D
41.00 ± 2.65a	37.56 ± 2.13bc	**	40.11 ± 3.14ab	41.44 ± 3.36a	ns	**	ns	*
54.33 ± 19.31bc	61.00 ± 3.04ab	ns	69.00 ± 9.37a	62.33 ± 5.27ab	ns	**	ns	*
86.56 ± 6.39a	84.00 ± 7.30ab	ns	86.67 ± 3.00a	78.44 ± 4.28bcd	**	**	*	ns
92.78 ± 5.04bc	93.11 ± 2.98bc	ns	99.67 ± 2.55a	97.11 ± 5.35ab	ns	**	ns	**
106.56 ± 9.11a	100.22 ± 4.32abc	ns	103.56 ± 5.64ab	102.67 ± 7.25abc	ns	ns	**	ns
117.00 ± 9.60a	109.67 ± 5.63a	ns	110.89 ± 9.09a	114.22 ± 9.42a	ns	ns	ns	ns
7.28 ± 0.61abc	8.29 ± 0.48ab	**	7.87 ± 1.51abc	8.35 ± 0.51a	ns	ns	ns	ns
8.54 ± 0.89ab	8.87 ± 1.53a	ns	9.36 ± 1.26a	9.27 ± 1.64a	ns	**	ns	ns
10.07 ± 2.84ab	9.25 ± 2.12ab	ns	9.29 ± 2.40ab	11.39 ± 2.12a	ns	ns	ns	ns
9.71 ± 2.62ab	10.54 ± 1.08ab	ns	10.98 ± 3.11a	11.73 ± 3.30a	ns	ns	ns	ns
10.63 ± 1.39ab	12.35 ± 1.99a	*	11.25 ± 2.39ab	11.85 ± 1.87a	ns	ns	**	ns
9.70 ± 0.97ab	10.95 ± 2.51a	ns	10.66 ± 2.18ab	11.43 ± 1.90a	ns	**	ns	ns

母为 $P<5\%$。* 和 ** 分别代表 $P<5\%$ 和 $P<1\%$ 水平上差异显著，ns 表示差异不显著（$P>5\%$）。

3.3.2 对番茄干物质积累的影响

对成熟期植株根、茎、叶干重分析发现（图 3-7），加气处理番茄干物质积累均高于不加气处理，根系干重总体上随加气量升高呈升高趋势，15 cm和 40 cm滴灌带埋深下V3 处理根系干重较不加气处理分别提高了 27.3%和 31.5%。滴灌带埋深为 15 cm时，茎、叶干重随加气量的升高呈先升高后降低趋势，最大值均出现于 V2 处理。滴灌带埋深为 40 cm时，茎、叶干重随加气量的升高而升高，V3 处理植株总干重较不加气处理提高 37.7%。但不同加气处理对两种滴灌带埋深下植株根冠比均无显著影响。

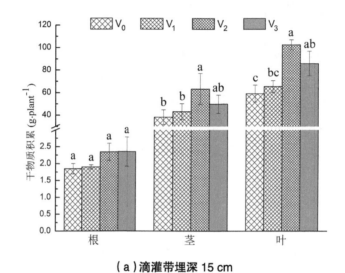

（a）滴灌带埋深 15 cm

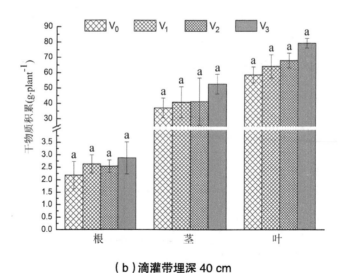

（b）滴灌带埋深 40 cm

图 3-7　不同加气灌溉处理对番茄干物质积累的影响

3.4 根区加气对盐胁迫下番茄生长的影响

在这项研究中，我们将使用室内盆栽试验来研究盐土条件下加气灌溉的效果，设置不同的土壤加气量和土壤NaCl胁迫程度，并测定不同加气条件和盐胁迫下植物的生长情况和干物质积累。这项研究旨在探明在不同程度盐胁迫下使用根区加气技术的可行性，并确定适宜的加气参数。这将为解决盐渍土条件下番茄产量和品质问题提供相关的理论依据。以番茄作为研究对象，通过盆栽试验，设置不同的土壤NaCl浓度，模拟盐胁迫条件。分不同组别，每组设置不同的土壤加气量，以探究加气对盐胁迫下植物生长的影响。在试验过程中，定期测量植物的生长指标，如株高、茎粗、叶面积等，并在植物生长结束后，收集植株进行干物质积累的测定。通过比较不同组别之间的生长情况和干物质积累，评估不同加气条件下植物的生长状况。通过这项研究，旨在确定在盐土条件下使用根区加气技术的最佳参数，并为番茄在盐渍土条件下的生产提供有效的措施。这项研究的结果将为农业生产提供重要的理论依据，有助于提高盐渍土地区的番茄产量和品质。

3.4.1 对盐胁迫下番茄株高和茎粗的影响

图3–8为植株打顶前测定的4次株高与茎粗。由图3–8可知，随土壤NaCl含量的升高，番茄株高、茎粗总体上呈降低趋势。土壤Na^+浓度为29、75和121 mM时，定植30 d、50 d、70 d和90 d未加气处理株高与茎粗均显著低于CK处理。同等土壤Na^+胁迫程度下，加气处理番茄的株高、茎粗均高于未加气处理，且随加气量的升高呈先升高后降低趋势，A2处理的最大。当Na^+含量为29 mM时，A3加气量下番茄株高、茎粗均高于CK，说明加气对番茄植株生长的促进作用超过了Na^+的胁迫作用。当Na^+含量超过29 mM时，根区加气处理番茄株高和茎粗虽大于相同盐胁迫程度下未加气处理，但是小于CK，说明根区加气可降低土壤Na^+胁迫对番茄生长的抑制作用，提高番茄的株高和茎粗，但加气难以完全抵消Na^+胁迫对植株的危害。

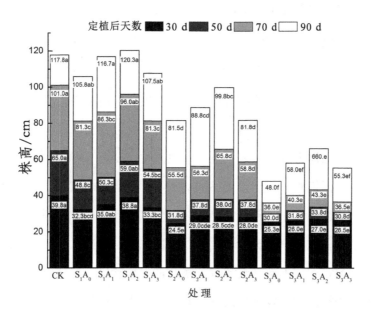

（a）株高

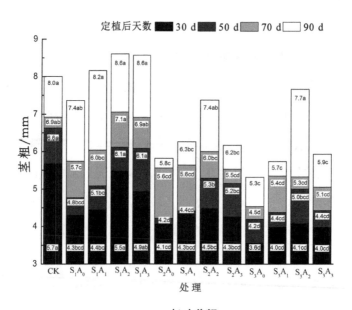

（b）茎粗

图 3-8 加气量对盐土盆栽番茄株高和茎粗的影响

注：图中的每一列表示同一处理在不同时期测定的均值，小写字母表示同一时期不同处理间差异显著性水平，P<5%。

3.4.2 对盐胁迫下番茄成熟期干物质积累的影响

植株干物质积累是作物产量及品质形成的基础，从图 3-9 可看出，随土壤Na^+

胁迫程度的升高，总干物质积累呈降低趋势，根区加气可降低盐胁迫对植株的危害。29 mM和75 mM土壤Na^+胁迫下A2和A3处理根系干物质积累量高于CK处理。29 mM土壤Na^+胁迫下根、茎、叶各部分干物质积累量均随加气量的升高呈先升高后降低趋势，A_2处理干物质积累量达最大值。75 mM土壤Na^+胁迫下根、茎、叶各部分干物质积累随加气量的升高而升高。121 mM土壤Na^+胁迫下未加气处理植株全部死亡，A1处理仅存活1株，A2和A3处理下植株虽存在不同程度的死亡，但死亡率低于A0及A1处理，其中A2处理下根、茎、叶各部分干物质积累最大。说明根区加气能够增强植株的耐盐性，提高Na^+胁迫下植株的干物质积累，降低高盐胁迫下植株的死亡率。

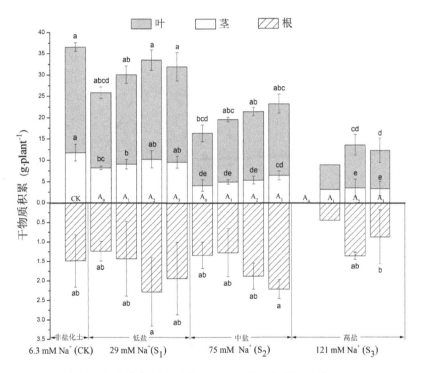

图3-9　加气量对盐土种植番茄植株干物质积累的影响

注：由于S_3A_0处理下成熟期植株全部死亡，高盐处理下A_0列为空。S_3A_1处理下仅存活1株，无法进行多重比较，故未标示小写字母。

本试验发现盐胁迫改变了植株干物质量分配，Na^+胁迫下番茄根系干物质量所占百分比均高于CK处理。主要是由于盐胁迫对番茄地上部分的抑制作用大于对根系的抑制，这与杨润亚等[1]（2010）研究结论相一致。根区加气能够促进番茄茎和叶的生长

①杨润亚，张振华，王洪梅，等.根际通气和盐分胁迫对玉米生长特性的影响[J].鲁东大学学报（自然科学版），2010，26（01）：35-38.

（图3-9，图3-10），是由于Na$^+$胁迫和低氧胁迫双重作用使植株光合作用及光合辐射的拦截能力降低[1][2]，加气处理增强植株的光合系统[3]，因而增加了叶干重并提高了叶在总干重中的比例。本试验中S2A1处理叶干重所占比例最高，121 mM Na$^+$浓度胁迫下，叶干重所占比例随加气量的升高而升高，所占比例由A1处理下的61.9%升高至A3处理的68.1%。

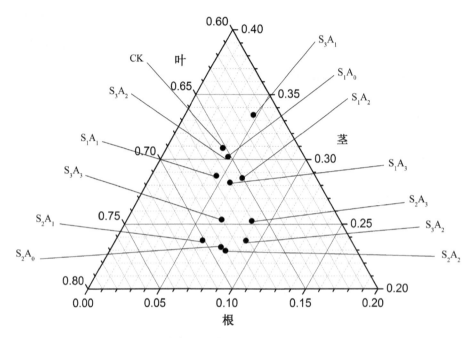

图3-10　加气量对盐土种植番茄干物质分配比率

3.5 讨论

3.5.1 根区加气对甜瓜干物质积累的影响

研究表明，黏壤土条件下土壤加气改变了基质气体条件，引起土壤微生物呼吸调

①SEEMANN J R，CRITCHLEY C. Effects of salt stress on the growth，ion content，stomatal behaviour and photosynthetic capacity of a salt-sensitive species，*Phaseolus vulgaris* L.[J]. Planta，1985，164（2）：151-162.

②TT K. Response of woody plants toflooding and salinity[J]. Tree Physiology，1997，Monograph（1）：1-29.

③BHATTARAI S P，SU N，Midmore D J. Oxygation unlocks yield potentials of crops in oxygen-limited soil environments[J]. Advances in Agronomy，2005，88：313-377.

整，致使土壤酶活性升高，促使土壤有机质转化[1]。同时，加气条件改善植株根系生长环境，保障了冠层的发展，提高了叶面积指数，光拦截效率增加有利于干物质积累的增加[2]。本试验发现，根区加气增加了植株的根、茎、叶干物质积累，这与前人研究结论相一致[3][4][5]。随滴灌带埋深的增大植株根、茎、叶干物质积累均有增加，最佳埋深为40 cm。而巴特拉伊（Bhattarai）[6]研究发现，毛豆种植下加气灌溉，滴灌带埋深5 cm时产量最高，而鹰嘴豆最佳埋深为35 cm，与本试验研究不一致，这可能和作物及根系分布特征有关。每天加气1次根冠比均比同等埋深条件下不加气处理大，与前人研究得到加气灌溉能够提高棉花根冠比相一致[7]。

3.5.2 根区加气对低氧胁迫番茄植株生长的影响

本研究表明，根区加气能够显著提高植株的株高和茎粗（表3-6）。黏壤土大棚种植番茄确实存在低氧胁迫，而根区加气能够缓解或解除根区低氧胁迫。巴特拉伊（Bhattarai）等[8]研究表明，黏壤土和盐土条件种植作物加气处理能够提早开花与本研究

①BALOTA E L，KANASHIRO M，FILHO A C，et al. Soil enzyme activities under long-term tillage and crop rotation systems in subtropical agro-ecosystems[J]. Brazilian Journal of Microbiology，2004，35：300-306.

②ABUARAB M，MOSTAFA E，IBRAHIM M. Effect of air injection under subsurface drip irrigation on yield and water use efficiency of corn in a sandy clay loam soil.[J]. Journal of Advanced Research，2013，4（6）：493-499.

③EHRET D L，EDWARDS D，HELMER T，et al. Effects of oxygen-enriched nutrient solution on greenhouse cucumber and pepper production[J]. Scientia Horticulturae，2010，125（4）：602-607.

④BHATTARAI S P，SALVAUDON C，MIDMORE D J. Oxygation of the rockwool substrate for Hydroponics [J]. Aquaponics Jomnal，2008，49（1）：29-35.

⑤BHATTARAI S P，MIDMORE D J，PENDERGAST L. Yield，water-use efficiencies and root distribution of soybean，chickpea and pumpkin under different subsurface drip irrigation depths and oxygation treatments in vertisols[J]. Irrigation Science，2008，26：439-450.

⑥BHATTARAI S P，MIDMORE D J，PENDERGAST L. Yield，water-use efficiencies and root distribution of soybean，chickpea and pumpkin under different subsurface drip irrigation depths and oxygation treatments in vertisols[J]. Irrigation Science，2008，26：439-450.

⑦PENDERGAST L，BHATTARAI S P，MIDMORE D J. Benefits of oxygation of subsurface drip-irrigation water for cotton in a vertosol[J]. Crop & Pasture Science，2013，64：1171-1181.

⑧BHATTARAI S P，BALSYS R J，EICHLER P，et al. Dynamic changes in bubble profile due to surfactant and tape orientation of emitters in drip tape during aerated water irrigation[J]. International Journal of Multiphase Flow，2015，75：137-143.

结果相一致。

滴灌带埋深 15 cm 下，V2 加气量下番茄总产量最高。40 cm 滴灌带埋深下，V2 和 V3 处理产量最高。40 cm 滴灌带埋深下，提高加气量能够提高番茄的产量，但 15 cm 滴灌带埋深下，番茄产量随加气量的升高呈先升高后降低趋势。这一结果表明，15 cm 滴灌带埋深 V3 处理下土壤气体已不是限制番茄产量的限制因子。过度的加气导致了土壤中气流的增大，强烈的气流影响到原有的土壤缓解和植株生长，因而导致作物产量的降低。滴灌带埋深 40 cm 下，高加气量处理下番茄产量低于不加气处理和低加气量处理。40 cm 滴灌带埋深下，由于滴头埋于主根区之下，因此对根系供气要比滴灌带埋深 15 cm 下影响小，且以土壤作为介质，气体间接扩散至主根区，供气相对缓和很多。

3.5.3 根区加气对盐胁迫番茄植株生长的影响

虽然根区加气可缓解或消除 Na^+ 胁迫作用，但过量加气（A3 处理）也会对 Na^+ 胁迫植株造成负面影响，如番茄株高、茎粗及干物质积累存在随加气量的升高呈先升高后降低趋势，A2 处理差异最大。过量加气会增加根区土壤气体的流动，造成根区气蚀，降低根系和土壤的接触面积，阻碍了根系对水分、养分的吸收和利用。

3.6 小结

根区加气能够促进大棚黏壤土种植下甜瓜及番茄植株的生长，植株的株高、茎粗及干物质积累均较不加气处理得到一定程度提高。但过量加气会对植株造成负面影响，番茄植株的株高、茎粗及干物质积累在高加气量处理下存在降低的趋势。

第四章
根区加气对甜瓜及番茄种植下土壤
酶活性的影响

土壤酶是农田生态系统的重要组成部分，在土壤生化反应、有机质转化过程中具有重要作用，是参与土壤碳、氮、磷、硫等元素转化的主要驱动力，在农田生态系统中的物质循环和能量流动中起着决定作用[1][2]。土壤酶是土壤中各种生化反应的催化剂，其活性是表征土壤熟化和肥力水平高低的重要指标，主要由土壤微生物和植物根系分泌，其次，植物残体和土壤动物区系分解也可产生少量土壤酶[3][4][5]。土壤中包括腐殖质的形成，木质素、纤维素、糖类物质的分解，有机氮的矿化、硝化和反硝化等大部分反应都是在微生物和酶的共同作用下完成的。然而由于设施农业一般均存在大量灌水或施肥、少耕、机械化操作等现象，这些农事活动将导致土壤紧实度增强，土壤孔隙度减小，在一定程度上阻碍了O_2、CO_2等气体在大气与土壤间的交换，造成土壤处于缺氧状态[6]。土壤通气性的改变势必影响到土壤微生物数量和土壤酶活性。

低氧胁迫下土壤动物及好氧性微生物活动减缓，土壤酶活性降低，进而影响土壤养分循环和作物对养分的利用，土壤中有机质分解缓慢，限制了土壤肥效的充分发

---

①VAN DER HEIJDEN M G A，BARDGETT R D，van Straalen N M. The unseen majority：soil microbes as drivers of plant diversity and productivity in terrestrial ecosystems[J]. Ecology Letters，2008，11（3）：296-310.

②姚槐应，黄昌勇.土壤微生物生态学及其实验技术[M].北京：科学出版社，2006：15-52.

③CALDWELL B A. Enzyme activities as a component of soil biodiversity：A review[J]. Pedobiologia，2005，49（6）：637-644.

④刘善江，夏雪，陈桂梅，等.土壤酶的研究进展[J].中国农学通报，2011（21）：1-7.

⑤周礼恺.土壤酶学[M].北京：科学出版社，1987：15-35.

⑥BHATTARAI S P，PENDERGAST L，MIDMORE D J. Root aeration improves yield and water use efficiency of tomato in heavy clay and saline soils[J]. Scientia Horticulturae，2006，108（3）：278-288.

挥[1][2][3]。给土壤适当加气能有效解除土壤低氧胁迫，提高土壤导气率，改善土壤氧环境，使根系有氧呼吸顺利进行，提高植株水分利用效率[4]，保障土壤微生物活动、提高土壤酶活性[5]。前人研究表明，加气灌溉对黄瓜、棉花、大豆、西葫芦、南瓜等作物产量及品质均有显著的改善，尤其对黏重土壤效果更加明显[6][7][8]。目前相关研究多关注于植株水分利用效率、产量和品质，有关土壤微生物群落、土壤酶活性研究众多，但对加气条件下土壤酶活性的研究不足，尤其是水、气、滴灌带埋深复合条件下对土壤酶活性影响的研究更少。因此，为提高土壤养分循环和利用效率，开展加气条件下土壤微生物、土壤酶研究十分必要。

本章，我们通过大棚试验来研究在不同加气频率、灌水上限、滴灌带埋深等复合条件下的加气灌溉对甜瓜和番茄根际土壤酶活性的影响。测定了土壤过氧化氢酶、脲酶和磷酸酶的活性，以明确加气灌溉条件下和土壤酶活性的动态变化特征。在大棚中设置不同的加气频率、灌水上限和滴灌带埋深等复合条件，选择甜瓜和番茄作为研究对象，分为不同组别进行试验。在关键生育期，采集根际土样品，并通过分析方法测定其中的土壤酶活性。比较不同组别之间的土壤酶活性的差异，以评估加气灌溉对土壤酶活性的影响。通过这项研究，旨在探究加气灌溉条件下土壤酶活性的动态变化特征。希望能够更好地了解加气灌溉对土壤酶活性的影响机制，并为农业生产提供有效

①DREW M C. Oxygen deficiency and root metabolism：injury and acclimation under hypoxia and anoxia[J]. Annual Review Plant Physiology Plant Molecular Biology，1997（48）：223-250.

②DREW M C. Soil aeration and plant root metabolism[J]. Soil Science，1992，154（4）：259-267.

③邱莉萍，刘军，王益权，等. 土壤酶活性与土壤肥力的关系研究[J]. 植物营养与肥料学报，2004，10（3）：277-280.

④CHEN X M，DHUNGEL J，BHATTARAI S P，et al. Impact of oxygation on soil respiration，yield and water use efficiency of three crop species[J]. Journal of Plant Ecology，2011，4（4）：236-248.

⑤NIU W Q，JIA Z，ZHANG X，et al. Effects of soil rhizosphere aeration on the root growth and water absorption of tomato[J]. Clean－Soil，Air，Water，2012，40（12）：1364-1371.

⑥NIU W Q，FAN W T，PERSAUD N，et al. Effect of post－irrigation aeration on growth and quality of greenhouse cucumber[J]. Pedosphere，2013，23（6）：790-798.

⑦BHATTARAI S P，SALVAUDON C，MIDMORE D J. Oxygation of the rockwool substrate for hydroponics [J]. Aquaponics Jomnal，2008，49（1）：29-35.

⑧BHATTARAI S P，HUBER S，MIDMORE D J. Aerated subsurface irrigation water gives growth and yield benefits to zucchini，vegetable soybean and cotton in heavy clay soils[J]. Annals of Applied Biology，2004，144（3）：285-298.

的措施。这项研究的结果将为加气灌溉技术的应用提供重要的理论依据，有助于提高甜瓜和番茄的生产效益和品质。

试验地概况及试验方案见第三章 3.1 节，土壤取样及酶活性测定方法如下：

根际土取样：利用铁锹挖取植株根系，抖落掉大块土壤，用软毛刷刷取与根系结合紧密的根表土（约地表下 10~25 cm），充分混合均匀后作为一个土样，每个处理重复取样 3 次。非根际土取样：利用土钻取土，分层取样，每 10 cm 为一层，取土深度为自地表向下 0~50 cm，取土位置为距植株 10 cm 处。

土壤酶活性测定方法：脲酶活性采用苯酚-次氯酸钠比色法测定，土壤脲酶活性使用每克土 24 h 后所生成的氨量表示，单位为 $mg \cdot (g \cdot 24 h)^{-1}$[1]。土壤磷酸酶活性采用磷酸苯二钠比色法测定，以 24 h 后每克土壤中释放出的酚的质量表示磷酸酶活性，单位为 $\mu g \cdot (g \cdot 24h)^{-1}$。过氧化氢酶活性采用滴定法（0.1 mol·L^{-1} 的标准KMnO$_4$液滴定）测定，土壤过氧化氢酶活性使用每克干土所消耗KMnO$_4$溶液的毫升数表示，单位为 $mL \cdot g^{-1}$[2]。

番茄种植下分别在伸蔓期（32 d）、开花坐果期（63 d）和成熟期（130 d）采集根际土测定土壤酶活性。不同深度非根际土壤酶活性测定时间为果实膨大期（92 d）。所有土壤取样均为小区内随机取样，每个处理重复取样 3 次。

4.1 加气灌溉对大棚甜瓜种植下土壤酶活性的影响

4.1.1 过氧化氢酶活性

由表 4-1 可知，花期土壤过氧化氢酶活性最高，成熟期次之，果实膨大期最低。花期、果实膨大期、成熟期酶活性最高处理分别为D25A1I90、D40A1I70、D10A4I70，而 3 个时期D40A2I80、D40A4I90、D10ANI70 处理酶活性均显著低于其他处理。全生育期D40A1I70 处理土壤过氧化氢酶活性均值最高，D10ANI70 处理最低。灌水上限对花期和成熟期过氧化氢酶活性均有显著影响，滴灌带埋深仅对花期酶活性有极显著影响，加气频率对 3 个生育期酶活性均有极显著影响，除灌水上限和滴灌带埋深在成熟期对酶活性无显著交互作用外，两两交互下均对 3 个时期酶活性产生显著影响。

---

①黄剑.生物炭对土壤微生物量及土壤酶的影响研究[D].中国农业科学院，2012：10-11.

②关松荫.土壤酶及其研究法[M].北京：农业出版社，1986：15-45.

极差分析结果（图 4-1）表明，三因素对土壤过氧化氢酶活性大小的影响顺序依次为滴灌带埋深、加气频率、灌水上限，提高酶活性的最佳处理为$D_{25}A_2I_{80}$。滴灌带埋深 25 cm 时，土壤过氧化氢酶活性最高，埋深 40 cm 次之，埋深 10 cm 酶活性最低。土壤过氧化氢酶活性随加气频率的增大呈先增大后减小趋势，每 2 d 加气 1 次时，土壤过氧化氢酶活性最高，每天加气 1 次时，土壤过氧化氢酶活性略有下降，说明提高加气频率可提高土壤过氧化氢酶活性，但加气过于频繁会降低土壤过氧化氢酶活性。因大棚甜瓜覆膜种植下，保墒效果好，全生育期内仅灌水 2 次，灌水上限对土壤酶活性的影响最小，随灌水上限提高土壤过氧化氢酶活性降低。

表 4-1　不同加气灌溉处理对大棚甜瓜各生育阶段土壤过氧化氢酶活性 mL·g^{-1} 的影响

处理	不同生育期过氧化氢酶活性			均值
	花期	果实膨大期	成熟期	
D10ANI70	2.97 ± 0.12AB	1.93 ± 0.25AB	0.53 ± 0.25D	1.81
D10A1I80	3.05 ± 0.11A	1.70 ± 0.20B	1.58 ± 0.16C	2.11
D10A2I90	2.75 ± 0.07BC	2.07 ± 0.31AB	2.06 ± 0.16AB	2.29
D10A4I70	2.93 ± 0.02AB	1.63 ± 0.25B	2.35 ± 0.18A	2.31
D25ANI80	2.99 ± 0.06AB	1.83 ± 0.12B	2.19 ± 0.06AB	2.34
D25A1I90	3.15 ± 0.08A	1.58 ± 0.18B	1.88 ± 0.09BC	2.20
D25A2I70	2.98 ± 0.05AB	1.78 ± 0.16B	2.22 ± 0.09AB	2.33
D25A4I80	2.96 ± 0.12AB	1.88 ± 0.16B	1.93 ± 0.07B	2.26
D40ANI90	2.99 ± 0.06AB	1.85 ± 0.13B	1.97 ± 0.13B	2.27
D40A1I70	3.01 ± 0.14A	2.40 ± 0.17A	1.97 ± 0.09B	2.46
D40A2I80	2.60 ± 0.08C	1.90 ± 0.20B	2.12 ± 0.12AB	2.21
D40A4I90	3.03 ± 0.14A	1.05 ± 0.23C	1.87 ± 0.13BC	1.98
均值 Mean	2.95	1.80	1.89	2.21
F-value				
灌水上限 I	4.57*	2.939ns	4.989*	
滴灌带埋深 D	8.838**	1.088ns	1.812ns	
加气频率 A	14.905**	7.616**	29.862**	
I × D	14.622**	5.36**	1.205ns	
I × A	3.891**	7.473**	35.953**	
D × A	3.236*	9.613**	29.509**	

注：表中 2.97 ± 0.12 表示平均值 ± 标准差，同列数据后不同字母表示差异显著性水平，大写字母为 $P<1\%$。* 和 ** 分别代表 $P<5\%$ 和 $P<1\%$ 水平上差异显著，ns 表示差异不显著（$P>5\%$）。

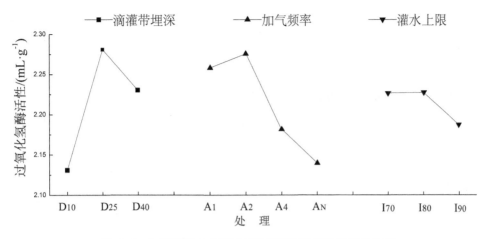

图 4-1 加气灌溉对土壤过氧化氢酶活性影响的极差分析

4.1.2 脲酶活性

加气频率、灌水上限、滴灌带埋深对土壤脲酶活性的影响见表 4-2。各生育阶段土壤脲酶活性变化趋势与过氧化氢酶活性相同，花期活性最高，成熟期活性次之，果实膨大期活性最低。花期滴灌带埋深 40 cm 加气处理土壤脲酶活性均极显著高于埋深 10 cm 和不加气处理，果实膨大期 $D_{40}A_1I_{70}$ 处理脲酶活性最高，成熟期 $D_{25}A_2I_{70}$ 处理酶活性极显著高于同时期其他处理。全生育期 $D_{40}A_1I_{70}$ 处理土壤脲酶活性均值最高，$D_{10}A_4I_{70}$ 处理最低。灌水上限对果实膨大期酶活性有极显著影响，对成熟期酶活性有显著影响，滴灌带埋深对酶活性影响随植株生长逐渐减弱，加气频率对花期酶活性有显著影响，对成熟期酶活性有极显著影响。除加气频率和灌水上限、加气频率和滴灌带埋深在成熟期对酶活性无显著交互作用外，两两交互下均对三个时期酶活性产生显著影响。

表 4-2 不同加气灌溉处理对大棚甜瓜各生育阶段土壤脲酶活性
$[mg \cdot (g \cdot 24h)^{-1}]$ 的影响

处理	不同生育期土壤脲酶活性			均值
	花期	果实膨大期	成熟期	
D10ANI70	$0.093 \pm 0.004E$	$0.078 \pm 0.004E$	$0.048 \pm 0.002F$	0.073
D10A1I80	$0.092 \pm .005E$	$0.066 \pm 0.004E$	$0.105 \pm 0.004B$	0.088
D10A2I90	$0.087 \pm 0.005E$	$0.118 \pm 0.004AB$	$0.093 \pm 0.005BCD$	0.099
D10A4I70	$0.042 \pm 0.009F$	$0.046 \pm 0.003F$	$0.086 \pm 0.003DE$	0.058

续表

处理	不同生育期土壤脲酶活性			均值
	花期	果实膨大期	成熟期	
D25ANI80	0.096 ± 0.010E	0.097 ± 0.003CD	0.086 ± 0.003DE	0.093
D25A1I90	0.134 ± 0.008BC	0.116 ± 0.005AB	0.080 ± 0.006DE	0.110
D25A2I70	0.116 ± 0.003CD	0.051 ± 0.003F	0.123 ± 0.015A	0.097
D25A4I80	0.056 ± 0.007F	0.091 ± 0.006D	0.084 ± 0.005DE	0.077
D40ANI90	0.105 ± 0.014DE	0.073 ± 0.003E	0.076 ± 0.005E	0.085
D40A1I70	0.154 ± 0.011A	0.127 ± 0.008A	0.088 ± 0.006DE	0.123
D40A2I80	0.142 ± 0.008AB	0.066 ± 0.005E	0.104 ± 0.006BC	0.104
D40A4I90	0.160 ± 0.008A	0.107 ± 0.009BC	0.094 ± 0.008CDE	0.121
均值 Mean	0.106	0.086	0.089	0.094
F-value				
灌水上限 I	1.447ns	27.383**	3.966*	
滴灌带埋深 D	24.885**	3.376*	1.613ns	
加气频率 A	7.023*	3.241ns	5.222**	
I × D	5.356**	29.529**	18.173**	
I × A	15.453**	5.739**	1.655ns	
D × A	7.901**	6.827**	1.340ns	

注：表中 0.093 ± 0.004 表示平均值 ± 标准差，同列数据后不同字母表示差异显著性水平，大写字母为 $P<1\%$。* 和 ** 分别代表 $P<5\%$ 和 $P<1\%$ 水平上差异显著，ns 表示差异不显著（$P>5\%$）。

极差分析结果（图 4-2）显示，$D_{40}A_1I_{90}$ 处理下土壤脲酶活性最高。与过氧化氢酶活性一致，滴灌带埋深对土壤脲酶活性影响最大，加气频率次之，灌水上限最小。0~40 cm范围内，脲酶活性随地下滴灌带埋藏深度和加气频率的提高而增大，土壤水分控制在田间持水量的 70%~90%时，土壤脲酶活性随灌水上限提高而升高。

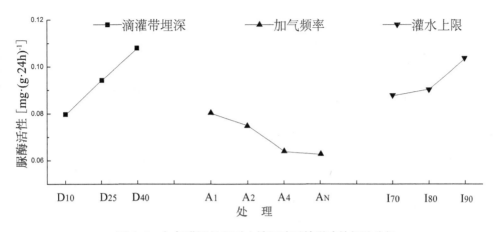

图 4-2　加气灌溉处理对土壤脲酶活性影响的极差分析

4.2 加气灌溉对大棚番茄种植下土壤酶活性的影响

4.2.1 不同生育阶段根际土壤酶活性

4.2.1.1 土壤脲酶

从表 4-3 可看出，不同加气频率、加气量与滴灌带埋深组合对三个生育阶段根际土壤脲酶活性均有显著性影响。在全生育阶段土壤脲酶活性呈先升高后降低趋势。其中，开花坐果期滴灌带埋深 40 cm 脲酶活性最高。滴灌带埋深 40 cm 成熟期脲酶高于伸蔓期，而滴灌带埋深 15 cm 伸蔓期脲酶高于成熟期。三个时期加气效益均随加气频率的升高而升高。滴灌带埋深 40 cm 处理下，土壤脲酶活性均随加气量的升高而升高，而埋深 15 cm V3 加气量下根际土壤酶活性均有降低趋势。三个时期 CK 处理土壤脲酶活性均最低，伸蔓期和开花坐果期 F2、V2 处理下土壤脲酶显著高于其他处理，埋深 40 cm V3 处理也显著高于其他处理。成熟期滴灌带埋深 15 cm F2、V2 处理和 40 cm 埋深 V3 处理根际土壤脲酶显著高于其他处理。不同滴灌带埋深下对土壤脲酶活性分析发现，埋深仅对开花坐果期和成熟期 V3 处理有显著影响。单因素中，加气频率对土壤脲酶活性的影响均达到显著水平。而加气量对伸蔓期和开花坐果期 40 cm 埋深根际土壤脲酶活性有极显著影响，对开花坐果期滴灌带埋深 15 cm 下和成熟期根际脲酶活性有显著性影响。交互作用分析发现，仅加气频率和滴灌带埋深对成熟期根际土壤脲酶活性有显著性影响。

表4-3 不同加气灌溉处理对大棚番茄各生育阶段根际土壤脲酶活性 [mg·(g·24h)⁻¹] 的影响

处理	伸蔓期				开花坐果期				成熟期			
	15 cm	40 cm	t-test	均值	15 cm	40 cm	t-test	均值	15 cm	40 cm	t-test	均值
加气频率（F）												
CK	0.182bB	0.188bB	ns	0.185b	0.230bAB	0.258bA	ns	0.244c	0.179bB	0.170cB	ns	0.175c
F4	0.250bAB	0.222bB	ns	0.236b	0.307bA	0.314bA	ns	0.311b	0.244bAB	0.278bAB	ns	0.261b
F2	0.447aAB	0.331aC	ns	0.389a	0.542aA	0.547aA	ns	0.545a	0.328aC	0.379aBC	ns	0.354a
均值	0.293	0.247			0.360	0.373			0.251	0.276		
加气量（V）												
CK	0.182bB	0.188bB	ns	0.185b	0.230cAB	0.258cA	ns	0.244c	0.179bB	0.170cB	ns	0.175b
V1	0.373abA	0.199bB	ns	0.286ab	0.394bA	0.399bA	ns	0.397b	0.221abBC	0.307bAB	ns	0.264ab
V2	0.445aAB	0.335aBC	ns	0.390a	0.546aA	0.551aA	ns	0.549a	0.311aC	0.380abBC	ns	0.346a
V3	0.387abB	0.416aB	ns	0.402a	0.457abAB	0.559aA	*	0.508a	0.247aC	0.453aAB	*	0.350a
均值	0.346	0.267			0.385	0.411			0.239	0.304		
F-value												
加气频率（F）	9.533**	6.110*			41.326**	59.130**			10.653*	40.508**		
加气量（V）	0.304ns	16.087**			6.198*	10.998**			7.726*	8.408*		
F×D	ns				ns				ns			
V×D	ns				ns				*			

注：不同大写字母为同一行数据差异显著性水平，小写字母为同一列数据差异显著性水平，$P<5\%$ 水平显著。* 和 ** 分别代表 $P<5\%$ 和 $P<1\%$ 水平上差异显著，ns 表示差异不显著（$P>5\%$）。

4.2.1.2 土壤磷酸酶

从表4-4可看出，不同加气频率、加气量与滴灌带埋深组合对三个生育阶段根际土壤磷酸酶活性均有显著性影响。三个生育时期，土壤磷酸酶活性总体呈先升高后降低趋势。同一处理不同埋深及生育阶段显著性分析发现，V3处理开花坐果期滴灌带埋深40 cm根际磷酸酶活性最高，其他处理均为开花坐果期滴灌带埋深15 cm根际土壤磷酸酶活性最高。伸蔓期滴灌带埋深15 cm下土壤磷酸酶活性高于40 cm埋深处理，而成熟期滴灌带埋深15 cm下磷酸酶活性低于40 cm埋深处理。三个时期CK处理土壤磷酸酶活性均最低。三个时期加气效益均随加气频率的升高而升高。40 cm埋深下根际土壤磷酸酶活性随加气量的升高而升高，V3处理下根际土壤磷酸酶活性均达到最大值。而

15 cm埋深时V2加气量下根际土壤酶活性最高。滴灌带埋深15 cm下F2处理根际土壤磷酸酶活性达最大值。滴灌带埋深40 cm，单因素中，加气频率对土壤磷酸酶活性均有极显著影响。而加气量对开花坐果期和成熟期15 cm滴灌带埋深根际土壤脲酶活性有显著影响，其他处理均有极显著影响。交互作用分析发现，加气量和滴灌带埋深组合对伸蔓期和成熟期磷酸酶活性有极显著影响。

表4-4 不同加气灌溉处理对大棚番茄各生育阶段根际土壤磷酸酶活性
$[\mu g \cdot (g \cdot 24h)^{-1}]$ 的影响

处理	伸蔓期				开花坐果期				成熟期			
	15 cm	40 cm	t-test	均值	15 cm	40 cm	t-test	均值	15 cm	40 cm	t-test	均值
加气频率（F）												
CK	35.3cB	28.6cC	ns	32.0c	43.6bA	37.8cB	ns	40.7c	19.5cD	24.2cCD	ns	21.9c
F4	48.3bB	40.8bC	*	44.5b	60.0aA	50.8bB	*	55.4b	33.0bD	38.8bC	ns	35.9b
F2	61.9aAB	57.0aABC	ns	59.5a	70.0aA	67.0aAB	ns	68.5a	44.6aC	54.3aBC	ns	49.5a
均值	48.5	42.1		45.3	57.9	51.9		54.9	32.4	39.1		35.8
加气量（V）												
CK	35.3cB	28.6cC	ns	32.0c	43.6bA	37.8cB	ns	40.7c	19.5bD	24.2dCD	ns	21.9b
V1	42.7cB	36.0bC	*	39.4b	51.9bA	46.0bB	ns	49.0b	26.5bD	33.0cC	*	29.7b
V2	62.0aAB	55.6aBC	ns	60.5a	69.7aA	65.6aAB	ns	67.6a	44.1aC	55.2bBC	ns	49.7a
V3	52.8bC	59.0aB	ns	49.9a	63.9aB	69.0aA	ns	66.5a	36.0aD	71.8aA	**	53.9a
均值	48.2	44.8		46.5	57.3	54.6		55.9	31.5	46.1		38.8
F-value												
加气频率（F）	22.016**	24.498**			17.157**	27.987**			22.944**	24.232**		
加气量（V）	11.551**	28.006**			6.550*	31.330**			10.665*	60.013**		
F×D	ns				ns				ns			
V×D	**				ns				**			

注：不同大写字母为同一行数据差异显著性水平，小写字母为同一列数据差异显著性水平，$P<5\%$ 水平显著。* 和 ** 分别代表 $P<5\%$ 和 $P<1\%$ 水平上差异显著，ns 表示差异不显著（$P>5\%$）。

4.2.1.3 过氧化氢酶

从表4-5可看出，开花坐果期土壤过氧化氢酶活性高于伸蔓期和成熟期，除15 cm滴灌带埋深V1处理外同一处理时，成熟期过氧化氢酶活性均高于伸蔓期。三个生育阶段CK处理土壤过氧化氢酶活性均最低，且滴灌带埋深15 cm过氧化氢酶活性低于40 cm滴灌带埋深。不同埋深对伸蔓期V3处理有显著影响，对开花坐果期CK、F2处理有显著影响，对成熟期V1、V3处理有显著影响。15 cm滴灌带埋深下，伸蔓期、花期过氧化氢酶活性随加气量的升高而降低，成熟期过氧化氢酶活性随加气量的升高而升高。各生育阶段不同埋深下根际土壤过氧化氢酶活性均随加气频率的升高而升高。滴灌带埋深40 cm加气效益高于埋深15 cm处理。单因素中，除成熟期滴灌带埋深15 cm外，加气频率对根际土壤过氧化氢酶活性均有显著影响，加气量对滴灌带15 cm埋深下伸蔓期和成熟期过氧化氢酶活性有显著影响，对滴灌带15 cm埋深开花坐果期和40 cm埋深下成熟期根际土壤过氧化氢酶活性有极显著影响。交互作用对根际土壤过氧化氢酶活性的影响随植株生长而逐渐减弱，伸蔓期两因素交互对根际土壤过氧化氢酶有极显著影响，成熟期无显著性影响。

表4-5 不同加气灌溉处理对大棚番茄各生育阶段根际土壤过氧化氢酶活性
$mL \cdot g^{-1}$ 的影响

处理	伸蔓期				开花坐果期				成熟期			
	15 cm	40 cm	t-test	均值	15 cm	40 cm	t-test	均值	15 cm	40 cm	t-test	均值
加气频率（F）												
CK	0.43bB	0.40bB	ns	0.42c	0.52bB	0.73cA	*	0.63c	0.40bB	0.48bB	ns	0.44b
F4	0.63aC	0.53bC	ns	0.58b	1.27aA	1.20bA	ns	1.23b	0.67abC	0.93aB	ns	0.80a
F2	0.67aE	0.93aCD	ns	0.80a	1.37aB	1.63aA	**	1.50a	0.73aDE	1.13aC	ns	0.93a
均值	0.58	0.62		0.60	1.05	1.19		1.12	0.60	0.85		0.73
加气量（V）												
CK	0.43cB	0.40bB	ns	0.42b	0.52cB	0.73cA	*	0.63b	0.40cB	0.48dB	ns	0.44c
V1	0.97aC	0.73aCD	ns	0.88a	1.73aA	1.33bB	ns	1.53a	0.58bD	0.83cCD	**	0.71b
V2	0.67bE	0.97aCD	ns	0.82a	1.40bB	1.67aA	ns	1.53a	0.83aDE	1.07bC	ns	0.95a
V3	0.57bcC	0.80aB	*	0.65a	1.33bA	1.40abA	ns	1.37a	0.87aB	1.37aA	*	1.12a
均值	0.66	0.73		0.69	1.25	1.28		1.26	0.67	0.94		0.80
F-value												
加气频率（F）	14.333**	18.909**			59.769**	109.400**			4.941ns	15.960**		
加气量（V）	7.800*	2.294ns			24.800**	2.897ns			7.848*	21.444**		
F×D	**				*				ns			
V×D	**				**				ns			

注：不同大写字母为同一行数据差异显著性水平，小写字母为同一列数据差异显著性水平，$P<5\%$ 水平显著。* 和 ** 分别代表 $P<5\%$ 和 $P<1\%$ 水平上差异显著，ns 表示差异不显著（$P>5\%$）。

4.2.2 不同土层深度非根际土壤酶活性

4.2.2.1 脲酶

从图4-3可看出，随土层深度的增加，非根际土壤酶活性呈降低趋势，加气处理非根际土壤脲酶活性均高于不加气处理，且两种滴灌带埋深下均有土壤脲酶活性随加气频率和加气量升高而升高的趋势。滴灌带埋深15 cm下，加气处理20~30 cm土层深度脲酶活性显著高于不加气处理，对30 cm以下土层深度土壤脲酶活性虽有影响，但未达到显著水平。滴灌带埋深40 cm下，加气处理能够提高20~50 cm土层深度土壤脲酶活性，但F2处理土壤脲酶活性与F4处理酶活性近似。

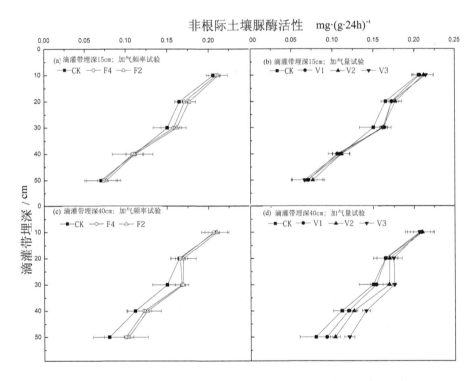

图4-3　不同加气频率、加气量及滴灌带埋深对非根际土壤脲酶活性的影响

注：CK为滴灌条件下不加气处理；V1、V2、V3分别为标准加气量的0.5倍、1倍、1.5倍，F2、F4分别为2 d加气1次和4 d加气1次处理。

4.2.2.2 磷酸酶

从图4-4可看出，加气处理非根际土壤磷酸酶活性均高于不加气处理。滴灌带埋深15 cm下加气处理对40 cm土层深度内磷酸酶活性有显著性影响，随加气频率和加气量的升高非根际土壤磷酸酶活性有升高趋势，但30 cm土层下F4处理磷酸酶活性略高于F2处理。埋深40 cm下，40 cm土层深度磷酸酶活性随加气频率的升高而升高，但30 cm土层深度F4处理磷酸酶活性略高于F2处理。而40 cm埋深下，加气量对10~50 cm土层深度非根际土壤磷酸酶活性均有显著性影响，10~30 cm土层深度磷酸酶活性随加气频量的升高而升高，40~50 cm土层深度，V3处理酶活性低于其他加气处理，但高于不加气处理。

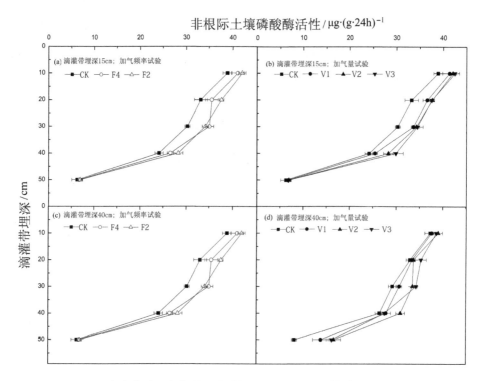

图4-4 不同加气频率、加气量及滴灌带埋深对非根际土壤磷酸酶活性的影响

注：CK为滴灌条件下不加气处理；V1、V2、V3分别为标准加气量的0.5倍、1倍、1.5倍，F2、F4分别为2 d加气1次和4 d加气1次处理。

4.2.2.3 过氧化氢酶

从图4-5可看出，加气处理非根际土壤过氧化氢酶活性均高于不加气处理。不同埋深下土壤过氧化氢酶活性均随加气频率的升高而升高。对加气量的研究分析发现，滴灌带埋深15 cm下，20、30、40 cm土层深度，非根际土壤过氧化氢酶活性的最大值分别为V1、V2、V3处理。滴灌带埋深40 cm下，10、20、50 cm土层深度过氧化氢酶活性随加气量的升高而升高。但40 cm土层深度土壤酶活性随加气量的升高而降低，30 cm土层深度V2处理酶活性最高。

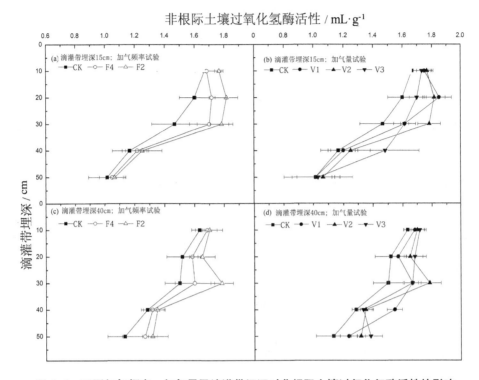

图 4-5 不同加气频率、加气量及滴灌带埋深对非根际土壤过氧化氢酶活性的影响

注：CK 为滴灌条件下不加气处理；V1、V2、V3 分别为标准加气量的 0.5 倍、1 倍、1.5 倍，F2、F4 分别为 2d 加气 1 次和 4d 加气 1 次处理。

4.3 讨论

4.3.1 加气灌溉对甜瓜种植下土壤酶活性的影响

过氧化氢酶活性与土壤呼吸强度、土壤微生物活性相关，是表征土壤生物特性的重要酶[1]。过氧化氢酶广泛存在于土壤及生物体内，能促进过氧化氢分解，降低过氧化氢对植株的伤害。过量灌水或土壤紧实条件下土壤气体含量降低，植株遭遇低氧逆境胁迫，会导致细胞内过氧化氢含量升高，进而影响蛋白质、脂类、核酸等的正常生理功能及代谢，促进细胞非程序性死亡[2]，提高过氧化氢酶活性，可降低过氧化氢对植株

---

[1] TRASAR-CEPEDA C，CAMI A F，LEIRÓS M C，et al. An improved method to measure catalase activity in soils[J]. Soil Biology and Biochemistry，1999，31（3）：483-485.

[2] SZAL B，DROZD M，RYCHTER A M. Factors affecting determination of superoxide anion generated by mitochondria from barley roots after anaerobiosis[J]. Journal of Plant Physiology，2004，161（12）：1339-1346.

的毒害。脲酶也广泛存在于土壤中，能促进尿素水解为氨和二氧化碳，是反映土壤供氮能力与水平的重要指标。提高土壤脲酶活性，可为植物提供更多的有效氮，对促进土壤氮循环、提高土壤肥力、保障植株正常生长具有重要意义[1][2]。

本研究发现加气灌溉下大棚甜瓜花期土壤脲酶、过氧化氢酶活性最高，全生育期呈先降低后升高的趋势，可能是由于果实膨大期植株对养分需求增多，养分大量流向果实，造成根际养分相对亏缺，微生物活动受限，分泌酶相对较少，该结果与冯伟等[3]的研究结果一致。但也有研究表明，在番茄生育期内酶活性呈先升后降趋势[4]，是因为生育前期营养充足，根际土壤酶活性不断提高，后期土壤中的养分逐渐被消耗，土壤酶活性降低。可见，与全生育期内土壤微生物数量变化规律的相关研究结论不一致，可能还受土壤养分、季节、管理措施、水热等条件的影响[5]。

4.3.2 加气灌溉对番茄不同生育阶段根际土壤酶活性的影响

农田生态系统中，土壤酶能够将土壤中的有机质分解为植株可利用的速效肥，几乎参与了土壤中所有的生化反应，是衡量土壤质量和肥力的重要指标[6]。土壤酶活性受土壤质地、土壤水、热、气、作物种类以及耕作管理等因素的综合影响。温室大棚的环境相对封闭，不同的田间耕作措施能显著影响土壤水热状况，进而影响土壤酶活性，最终影响植物与土壤的物质、能量交换[7]。土壤脲酶是土壤中重要的水解酶之一，能够水解施入土壤中的尿素，释放出氨，对于土壤氮循环起重要作用，反映土壤供氮能

①姚槐应，黄昌勇.土壤微生物生态学及其实验技术[M].北京：科学出版社，2006：1-35.

②刘淑娟，张伟，王克林，等.桂西北喀斯特峰丛洼地不同植被演替阶段的土壤脲酶活性[J].生态学报，2011（19）：5789-5796.

③冯伟，管涛，王晓宇，等.沼液与化肥配施对冬小麦根际土壤微生物数量和酶活性的影响[J].应用生态学报，2011（04）：1007-1012.

④张璇，牛文全，甲宗霞.灌溉后通气对盆栽番茄土壤酶活性的影响[J].自然资源学报，2012（08）：1296-1303.

⑤鲁萍，郭继勋，朱丽.东北羊草草原主要植物群落土壤过氧化氢酶活性的研究[J].应用生态学报，2002，13（6）：675-679.

⑥ZHANG Y，WANG Y. Soil enzyme activities with greenhouse subsurface irrigation1[j].pedosphere，2006，16（4）：512-518.

⑦WANG Q K，WANG S L，LIU Y X. Responses to N and P fertilization in a young *Eucalyptus dunnii* plantation：microbial properties，enzyme activities and dissolved organic matter[J]. Applied Soil Ecology，2008，40（3）：484-490.

力[1]。土壤磷酸酶可催化磷酸脂类或磷酸酐的水解，其活性直接影响到土壤有机磷的转化及利用[2][3]。土壤过氧化氢酶能够促进过氧化氢分解为水和氧气，减少过氧化氢对作物的毒害，并与土壤呼吸强度、微生物活动有密切关系，是土壤肥力评价的重要酶[4]。

不同的加气频率、加气量、滴灌带埋深及其交互作用对土壤脲酶、磷酸酶、过氧化氢酶均产生显著性影响。全生育阶段三种酶活性均随植株生长呈先升高后降低趋势，与前人研究相一致[5]。且在全生育阶段，两种埋深下三种根际土壤酶活性均随加气频率的升高而升高，但加气2 d后土壤低氧胁迫仍然存在，说明低氧胁迫易于发生，加气处理能够显著提高土壤酶活性，提高土壤气体含量能够有效增加土壤酶活性。然而土壤酶活性并非随加气量的升高而升高，15 cm埋深下V2加气量，40 cm埋深下V3加气量土壤脲酶、磷酸酶活性最高。过氧化氢酶对土壤气体的需求与土壤脲酶、磷酸酶略有不同，伸蔓期和开花坐果期15 cm滴灌带埋深时，V1加气量过氧化氢酶活性最高，40 cm埋深时，V2处理酶活性最高。成熟期两种埋深下均为V3处理酶活性最高。说明加气量并不是限制根际土壤酶活性升高的主要因素，相反，过量加气会对土壤酶活性造成一定负面影响。

4.3.3　加气灌溉对不同土层深度番茄非根际土壤酶活性的影响

根际土壤酶活性能够间接影响非根际土壤酶活性，其次凋落物和土壤母质对非根际土壤酶活性也有一定影响[6]。加气处理对根际土壤酶活性有显著性影响，根际土壤酶活性的改变间接影响到非根际土壤酶活性。滴灌带埋深15 cm加气下能够提高20、30

①KLOSE S，TABATABAI M A. Urease activity of microbial biomass in soils[J]. Soil Biology and Biochemistry，1999，31（2）：205-211.

②DODOR D E，TABATABAI M A. Effect of cropping systems on phosphatases in soils[J]. Journal Plant Nutrition and Soil Science，2003，166：7-13.

③WANG A，ROITTO M，LEHTO T，et al. Waterlogging under simulated late-winter conditions had little impact on the physiology and growth of Norway spruce seedlings[J]. Annals of Forest Science，2013，70（8）：781-790.

④TRASAR-CEPEDA C，CAMI A F，Leirós M C，et al. An improved method to measure catalase activity in soils[J]. Soil Biology and Biochemistry，1999，31（3）：483-485.

⑤NIU W，ZANG X，JIA Z，et al. Effects of rhizosphere ventilation on soil enzyme activities of potted tomato under different soil water stress[J]. Clean -Soil，Air，Water，2012，40（3）：225-232.

⑥薛建辉，王智，吕祥生. 林木根系与土壤环境相互作用研究综述[J]. 南京林业大学学报（自然科学版），2002（03）：79-84.

cm土层深度非根际脲酶活性及 20~40 cm土层深度非根际磷酸酶及过氧化氢酶活性。滴灌带埋深 40 cm下加气处理对 10~50 cm土层深度非根际三种酶活性均有一定提升作用。但非根际土壤酶活性与番茄产量的相关性远低于根际土壤酶。可能是由于试验中气体环境的改变刺激了植株根系，根际分泌物直接影响到根际土壤酶活性，根际土壤酶活性的改变间接影响到非根际土壤酶活性。其次，非根际土壤酶活性虽影响到土壤养分循环，但由于远离植株根系，因此对作物的影响相对较弱。

对根际与非根际土壤酶活性间相关性分析发现，均未达到显著性水平（$P > 5\%$，数据未列出）。是由于试验处理改变了原有土壤气体环境，直接影响到作物根系生理活动，而土壤酶主要由植株根系分泌，因此试验处理对根际土壤酶活性具有显著性影响。而试验处理对非根际土壤酶的影响主要通过变化后的根际土壤酶间接影响，该过程相对缓慢，且存在滞后性。因此，根际与非根际土壤酶活性相关性未达到显著性水平。

4.4 小结

4.4.1 加气灌溉对甜瓜种植下土壤酶活性的影响

1. 加气灌溉对土壤酶活性有显著影响。对过氧化氢酶活性、脲酶、真菌数量影响由大到小依次为滴灌带埋深、加气频率和灌水上限。

2. 适宜的加气频率、灌水上限和滴灌带埋深可以营造适宜的土壤水、气环境，促进土壤微生物繁殖，提高土壤酶活性。最适宜的滴灌带埋深为 25 cm；每天加气 1 次土壤脲酶活性最高、每 2 d加气 1 次土壤过氧化氢酶活性最高；灌水至田间持水率的 80% 过氧化氢酶活性最高，灌水至田间持水率的 90%脲酶活性最高。

4.4.2 加气灌溉对番茄种植下土壤酶活性的影响

三种根际土壤酶在全生育阶段均呈先升高后降低趋势。土壤加气处理能够提高根际三种土壤酶活性，其中加气频率、加气量两因素均对根际三种酶活性有显著性影响。加气处理能够提高非根际土壤酶活性，但对非根际土壤酶活性的影响小于根际土壤酶。

第五章
根区加气对土壤微生物数量及群落结构的影响

　　土壤质地和水分胁迫是限制作物生产力的两个主要因素[1]。良好的土壤气-液-固相比例对于植物生长至关重要。尽管灌溉为作物提供水分，但它会排除土壤中的空气，导致积水问题[2]。在气相方面，灌溉抑制了植物的生长。研究表明，植物组织中的缺氧应激会引发气孔关闭[3][4]，由于ATP不足而导致能量缺乏[5][6]。缺氧还会影响植物根系的发育，从而降低根系吸收水分和无机营养物质的能力[7][8]。

　　作物根系缺氧被认为是限制其生长和产量的主要环境因素之一。历史上，缓解根

　　[1]GERSHENZON J. Changes in the levels of plant secondary metabolites under water and nutrient stress[M]. Boston：Springer，1984：1-20.

　　[2]SHARMA D P，SWARUP A. Effects of short-term flooding on growth，yield and mineral-composition of wheat on sodic soil under field conditions[J]. Plant and Soil，1988，107（1）：137-143.

　　[3]KOGAWARA S，YAMANOSHITA T，NORISADA M，et al. Photosynthesis and photoassimilate transport during root hypoxia in *Melaleuca cajuputi*，a flood-tolerant species，and in *Eucalyptus camaldulensis*，a moderately flood-tolerant species[J]. Tree Physiology，2006，26（11）：1413-1423.

　　[4]BAI T，LI C，LI C，et al. Contrasting hypoxia tolerance and adaptation in Malus species is linked to differences in stomatal behavior and photosynthesis[J]. Physiology Plant，2013，147（4）：514-523.

　　[5]GIBBS J，GREENWAY H. Mechanisms of anoxia tolerance in plants. I. Growth，survival and anaerobic catabolism[J]. Functional Plant Biology，2003，30（3）：353.

　　[6]BAILEY-SERRES J，CHANG R. Sensing and signalling in response to oxygen deprivation in plants and other organisms[J]. Annals of Botany，2005，96（4）：507-518.

　　[7]ARMSTRONG W，BECKETT P M，COLMER T D，et al. Tolerance of roots to low oxygen：'Anoxic' cores，the phytoglobin-nitric oxide cycle，and energy or oxygen sensing[J]. Journal of Plant Physiology，2019，239：92-108.

　　[8]BARRETT-LENNARD E G. The interaction between waterlogging and salinity in higher plants：causes，consequences and implications[J]. Plant and Soil，2003，253（1）：35-54.

系缺氧最有效和常见的方法是耕作。近年来，出现了各种土壤通气技术来解决这一问题，例如通过连接到空气压缩机的集气管将空气注入地下滴灌系统，向土壤中添加低浓度的过氧化氢[1]、利用文丘里注射器将空气吸入地下滴灌系统[2]。土壤通气已被证明可提高土壤导气率[3]、作物的水分利用效率[4]和代谢[5]。这些技术已在棉花、小麦、菠萝、马铃薯、西葫芦、大豆、鹰嘴豆和南瓜等农作物开展研究，并已证实可提高此类作物产量[6][7][8][9]。

①BHATTARAI S P，HUBER S，MIDMORE D J. Aerated subsurface irrigation water gives growth and yield benefits to zucchini，vegetable soybean and cotton in heavy clay soils[J]. Annals of Applied Biology，2004，144（3）：285-298.

②SHAHIEN M M，ABUARAB M E，MAGDY E. Root aeration improves yield and water use efficiency of irrigated potato in sandy clay loam soil[J]. International Journal of Advanced Research，2014，2（10）：310-320.

③NIU W，GUO Q，ZHOU X，et al. Effect of aeration and soil water redistribution on the air permeability under subsurface drip irrigation[J]. Soil Science Society of America Journal，2011，76：815-820.

④SHAHIEN M M，ABUARAB M E，MAGDY E. Root aeration improves yield and water use efficiency of irrigated potato in sandy clay loam soil[J]. International Journal of Advanced Research，2014，2（10）：310-320.

⑤NIU W Q，JIA Z，ZHANG X，et al. Effects of soil rhizosphere aeration on the root growth and water absorption of tomato[J]. Clean – Soil，Air，Water，2012，40（（12））：1364-1371.

⑥SHAHIEN M M，ABUARAB M E，Magdy E. Root aeration improves yield and water use efficiency of irrigated potato in sandy clay loam soil[J]. International Journal of Advanced Research，2014，2（10）：310-320.

⑦BHATTARAI S P，SALVAUDON C，MIDMORE D J. Oxygation of the rockwool substrate for hydroponics [J]. Aquaponics Jomnal，2008，49（1）：29-35.

⑧BHATTARAI S P，PENDERGAST L，MIDMORE D J. Root aeration improves yield and water use efficiency of tomato in heavy clay and saline soils[J]. Scientia Horticulturae，2006，108（3）：278-288.

⑨BHATTARAI S P，HUBER S，MIDMORE D J. Aerated subsurface irrigation water gives growth and yield benefits to zucchini，vegetable soybean and cotton in heavy clay soils[J]. Annals of Applied Biology，2004，144（3）：285-298.

本团队之前研究证实，对土壤通气可促进番茄和甜瓜的生长[①②③]。因此，我们推断土壤通气可能会改变土壤微生物群落结构，间接影响植物根系形态、生长及果实产量。然而，到目前为止，还没有专门研究黏壤土中番茄、甜瓜植株种植地土壤细菌对土壤通气量和位置（深度）的响应。

试验地概况及试验方案见第三章 3.1 节，测定关键生育期甜瓜和番茄根际土壤中细菌、真菌和放线菌的数量。土壤微生物数量测定方法采用传统平板法，采集根际土测定土壤微生物数量。将采集的土样用灭菌塑料袋包扎密封，于 4 ℃保存，用于微生物数量测定。采用稀释平板涂抹法混菌接种，同一土样（0.1 mL 菌悬液）接种三个连续的稀释度，每个稀释度重复 3 次。细菌选用牛肉膏蛋白胨琼脂培养基培养，真菌选用马丁氏培养基培养，放线菌选用改良高氏一号培养基培养[④]。所有土壤取样均为小区内随机取样，每个处理重复取样 3 次。

分别于定植后 32 d、42 d、60 d 采集土样测定花期、果实膨大期和成熟期甜瓜种植下土壤酶活性，取成熟期根际土测定土壤微生物数量。在开花坐果期（65 d）采集并测定根际土壤微生物数量。所有土壤取样均为小区内随机取样，每个处理重复取样 3 次。

土壤细菌群落高通量分析步骤如下：

第一步，土壤细菌 DNA 的提取和检测。从土壤样品（0.5 g 湿重）中随机收集土壤细菌 DNA，使用 E.Z.N.A.® 土壤 DNA 提取试剂盒（OMEGA Bio-Tek，美国佐治亚州诺克斯）进行纯化，再使用 DNA 纯化试剂盒（DP209，天根生化科技有限公司）进行浓度和质量分析，使用 Nanodrop ND-2000 分光光度计（Nano Drop Technologies，美国特拉华州威明顿）确定提取的 DNA 完整性，最后在-20 ℃条件下存储纯化的 DNA 以供进

① LI Y，NIU W，ZHANG M，et al. Artificial soil aeration increases soil bacterial diversity and tomato root performance under greenhouse conditions[J]. Land Degradation & Development，2020，31（12）：1443-1461.

② LI Y，NIU W，WANG J，et al. Effects of artificial soil aeration volume and frequency on soil enzyme activity and microbial abundance when cultivating greenhouse tomato[J]. Soil Science Society of America Journal，2016，80（5）：1208.

③ LI Y，NIU W Q，XU J，et al. Root morphology of greenhouse produced muskmelon under sub-surface drip irrigation with supplemental soil aeration[J]. Scientia Horticulturae，2016，201：287-294.

④ 中国科学院南京土壤研究所微生物室.土壤微生物研究法[M].北京：科学出版社，1985：35-52.

一步的分子分析。

第二步，PCR扩增。使用通用引物338F（5'-ACTCCTACGGGAGGCAGCAG-3'）和806R（5'-GGACTACHVGGGTWTCTAAT-3'）在PCR中扩增细菌16S rRNA基因的V3-V4区域。PCR和其他实验步骤的详细描述可参考之前的研究[①]。

第三步，Illumina MiSeq测序。将3μL PCR产物经2%琼脂糖凝胶电泳检查，使用DNA凝胶提取试剂盒（Axygen Biosciences，美国加利福尼亚）纯化PCR产物，并使用QuantiFluor™-ST荧光计（Promega，美国威斯康星州麦迪逊）定量。使用Illumina MiSeq PE300平台进行双向配对末端测序获得DNA测序结果。

第四步，序列数据分析。MiSeq测序生成配对序列数据，使用QIIME（Quantitative Insights into Microbial Ecology，版本1.17）软件生成有效序列。通过使用UPARSE算法（7.1版本http://drive5.com/uparse/），将得到的高质量序列根据97%相似性水平聚类成操作性分类单元（OTU）；使用UCHIME识别和去除嵌合序列。在本研究中，使用QIIME计算了alpha多样性和观察到的OTUs。通过搜索SILVA（SSU115）16S rRNA数据库，在70%的阈值下使用Ribosomal Database Project（RDP，http://rdp.cme.msu.edu/）Bayesian分类器对所有OTUs进行分类，并确定其属于门、纲、目、科和属的水平。

所研究的变量通过正态概率图和Shapiro-Wilk检验进行正态性检验，并通过Levene's检验进行齐方差性检验。根际土壤细菌序列、丰度和多样性以及根系形态学通过方差分析（ANOVA）进行分析，考虑通气量处理和滴灌管理深以及它们之间的交互作用，使用Tukey的事后检验进行均值比较和差异分析。PCA中使用Bartlett检验测试显著性水平（$P < 0.001$）。根系形态学指数与细菌群落之间的Pearson相关评估在属水平上进行。在Mothur中计算稀释曲线、alpha多样性指数（Chao指数和ACE）、微生物群落多样性指数（Shannon和Simpson）和覆盖度。PCA、冗余分析（RDA）、Venn图和丰度排序曲线均使用相对丰度生成，每个样本的OTU均按测序深度进行归一化。随后的多样性分析基于这些标准化数据在I-Sanger在线平台上进行（https://www.i-sanger.com）。所有图形都使用绘图软件Origin-Pro 8.5（Origin Lab Corporation，美国马萨诸

---

①WANG J，NIU W，LI Y，et al. Subsurface drip irrigation enhances soil nitrogen and phosphorus metabolism in tomato root zones and promotes tomato growth[J]. Applied Soil Ecology，2018，124：240-251.

塞州诺思安普顿市）、Photoshop CS 5（Adobe Systems Inc.，美国加利福尼亚州圣何塞市）和I-Sanger平台构建。

土壤真菌群落的高通量分析步骤如下：

第一步，DNA提取和高通量测序。使用FastDNA® SPIN土壤提取试剂盒（MP Biomedicals，美国Solon，CA）从0.25 g土壤样品中提取总基因组DNA。使用NanoDrop 2000 UV-Vis分光光度计（Thermo Scientific，美国Wilmington）测定DNA浓度，并使用琼脂糖凝胶电泳（1%）评估DNA质量。用于扩增内转录间隔区（ITS）序列的引物序列如下：ITS1，5'-CTTGGTCATTTAGAGGAAGTAA-3'，和ITS2-2043R，5'-GCTGCGTTCTTCATCGATGC-3'。聚合酶链式反应（PCR）扩增在20 μL反应体系中进行，包括rTaq聚合酶（0.2 μL），缓冲液（2 μL），牛血清白蛋白（BSA）（0.2 μL），模板DNA（10 ng），前向和反向引物（各0.8 μL）和dNTPs（2 μL）至20 μL。PCR扩增遵循以下温度程序：94 ℃ 5 min；94 ℃ 40 s，55 ℃ 30 s，72 ℃ 45 s，共35个循环。产物从2%琼脂糖凝胶中切割出来，用AxyPrep DNA凝胶提取试剂盒（Axygen Biosciences，美国Union City，CA）纯化后，用QuantiFluor®-ST荧光计（Promega，美国）定量。所得到的扩增子在Illumina MiSeqTM系统（Illumina Inc.，美国San Diego，CA）上进行测序，由Majorbio Bio-Pharm Technology Co.，Ltd.（中国上海）完成。

第二步，测序数据和分析。使用FLASH软件将原始fastq文件拼接起来。将其与Genomes OnLine数据库中的数据进行比对，在去除检测到的嵌合序列后，得到有效的标签数据。使用UPARSE 7.0软件（设置相似度阈值为97%）将代表性真菌操作分类单元（OTU）序列聚类成OTU。

5.1 加气灌溉对大棚甜瓜种植下土壤微生物数量的影响

5.1.1 加气灌溉对非根际土壤微生物数量的影响

5.1.1.1 对土壤细菌数量的影响

土壤微生物数量与土壤肥力有密切关系，通常土壤微生物活性越高土壤越肥沃，土壤微生物数量能够反映土壤质量及健康状况。不同加气频率、灌水上限、滴灌带埋深对非根际土壤微生物数量的影响见表5-1。研究发现，加气频率及三因素两两交互均对土壤细菌数量有极显著影响，极差分析（图5-1）发现，试验三因素对土壤细菌数量影响由大到小依次为加气频率、滴灌带埋深和灌水上限。随加气频率的提高，土壤细菌数量显著升高，在 25 cm 埋深下土壤细菌活性最高。灌水对土壤细菌数量的影响最小，随灌水上限的提高细菌数量呈增加趋势。极差分析得到 D25A1I90 处理下土壤细菌数量最高。

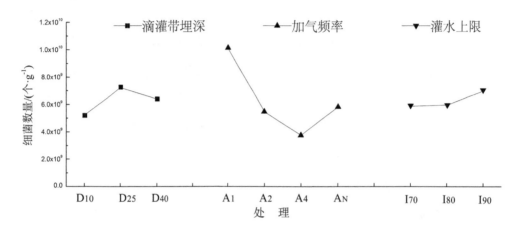

图 5-1　加气灌溉处理对非根际土壤细菌数量影响的极差分析

表 5-1　不同加气灌溉处理下非根际土壤微生物数量

处理	细菌 / (×10⁹ 个·g⁻¹)	真菌 / (×10⁶ 个·g⁻¹)	放线菌 / (×10⁷ 个·g⁻¹)	Shannon 指数
D10ANI70	5.11 ± 1.34BCD	0.60 ± 0.38C	1.69 ± 0.62D	0.034
D10A1I80	8.57 ± 3.55BC	3.43 ± 1.71B	4.00 ± 0.85D	0.048
D10A2I90	2.10 ± 2.06CD	2.33 ± 1.05BC	7.40 ± 2.97D	0.226
D10A4I70	5.10 ± 1.25BCD	1.40 ± 0.95C	18.60 ± 8.96BC	0.223
D25ANI80	2.41 ± 1.61CD	4.30 ± 0.35B	37.00 ± 8.97A	0.582
D25A1I90	14.99 ± 1.98A	9.30 ± 0.56A	4.00 ± 2.02D	0.034
D25A2I70	6.50 ± 2.92BCD	8.95 ± 1.13A	6.10 ± 1.61D	0.091
D25A4I80	5.10 ± 2.03BCD	2.77 ± 1.44BC	0.40 ± 0.29D	0.016
D40ANI90	9.94 ± 4.78AB	0.50 ± 0.39C	1.19 ± 0.22D	0.014
D40A1I70	6.80 ± 3.24BCD	1.45 ± 0.95C	10.80 ± 1.56CD	0.119
D40A2I80	7.80 ± 1.76BC	4.90 ± 1.55B	7.50 ± 3.90D	0.085
D40A4I90	1.07 ± 0.56D	4.56 ± 1.24B	22.10 ± 5.43B	0.693
F-value				

续表

处理	细菌 / (×10⁹ 个·g⁻¹)	真菌 / (×10⁶ 个·g⁻¹)	放线菌 / (×10⁷ 个·g⁻¹)	Shannon 指数
灌水上限 I	0.763ns	1.241ns	2.305ns	—
滴灌带埋深 D	1.961ns	37.712**	2.555ns	—
加气频率 A	10.389**	21.189**	7.602**	—
I×D	7.631**	13.750**	29.839**	—
I×A	7.218**	29.294**	29.839**	—
D×A	6.819**	11.729**	29.756**	—

注：表中 5.11±1.34 表示平均值 ± 标准差，同列数据后不同字母表示差异显著性水平，大写字母为 $P<1\%$。* 和 ** 分别代表 $P<5\%$ 和 $P<1\%$ 水平上差异显著，ns 表示差异不显著（$P>5\%$）。

5.1.1.2 对土壤真菌数量的影响

从表 5-1 可以看出，滴灌带埋深和加气频率均对土壤真菌数量有极显著影响，三因素两两交互均对土壤真菌有极显著影响，其中 D25A1I90、D25A2I70 处理土壤中真菌数量显著高于其他处理。极差分析（图 5-2）发现，三因素对真菌数量影响的顺序依次为滴灌带埋深、加气频率、灌水上限。滴灌带埋深对土壤真菌数量的影响规律与对细菌数量的影响规律相同。在一定范围内土壤真菌数量随加气频率的提高而增加，但每天加气 1 次可能因扰动过强而降低了真菌的数量。灌水上限对土壤真菌数量的影响较小，随灌水上限的提高土壤真菌数量增加。极差分析得到 D25A2I90 处理下土壤真菌数量最多。

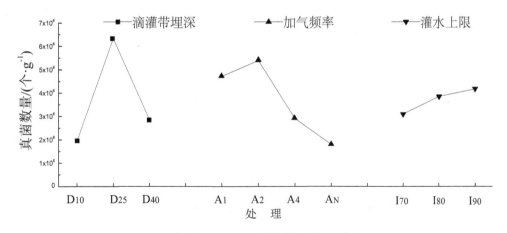

图 5-2 加气灌溉处理对土壤真菌数量影响的极差分析

5.1.1.3 对土壤放线菌数量的影响

加气频率对土壤放线菌数量有极显著影响，而灌水上限和滴灌带埋深均对土壤放线菌数量无显著影响，三因素两两交互均对土壤放线菌数量有极显著影响。试验中三种处理对放线菌数量影响由大到小依次为加气频率、滴灌带埋深、灌水上限（图5-3）。每4d1次的加气频率下土壤中放线菌数量最多，提高加气频率，土壤中放线菌数量呈下降趋势。滴灌带埋深对土壤放线菌数量的影响规律与细菌、真菌相同；以80%田间持水率为灌水上限，土壤放线菌数量最高，提高或降低土壤水分土壤放线菌数量均有所降低。

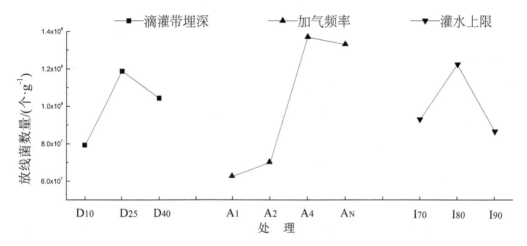

图5-3　加气灌溉处理对土壤放线菌数量影响的极差分析

5.1.2 加气灌溉对根际土壤微生物数量的影响

从表5-2可看出，不同加气频率、加气量与滴灌带埋深组合对三个生育阶段根际土壤微生物数量均有显著性影响。F2和V2处理下，根际土壤细菌数量显著高于其他处理，其次，滴灌带埋深15 cm V3处理根际土壤细菌数量也显著高于其他处理。滴灌带埋深15 cm V1处理及埋深40 cm F2、V2、V3处理真菌数量显著高于其他处理。滴灌带埋深15 cm F4及V1处理，埋深40 cm V3处理放线菌数量显著高于其他处理。单因素中，加气频率对40 cm埋深下细菌和15 cm埋深下真菌有显著影响，对15 cm埋深下细菌和40 cm埋深下真菌及放线菌均有极显著影响。加气量对15 cm埋深下三种微生物均有极显著影响，而对40 cm埋深下三种微生物均无显著性影响。交互作用下，加气量和滴灌带埋深对真菌和放线菌数量有极显著影响。

表 5-2　不同加气灌溉处理对大棚番茄各生育阶段根际土壤微生物数量的影响

处理	细菌 / ($\times 10^8$ 个·g^{-1})				真菌 / ($\times 10^5$ 个·g^{-1})				放线菌 / ($\times 10^6$ 个·g^{-1})			
	15 cm	40 cm	t-test	均值	15 cm	40 cm	t-test	均值	15 cm	40 cm	t-test	均值
加气频率（F）												
CK	3.75b	5.54b	ns	4.65b	3.91b	4.31b	ns	4.11b	2.36b	3.92db	*	3.14b
F4	5.51b	7.74b	ns	6.63b	5.79ab	6.74b	ns	6.26b	6.38a	8.66a	ns	7.52a
F2	8.65a	12.16a	ns	10.40a	9.87a	11.49a	ns	10.68a	3.36b	6.67a	**	5.02b
均值	5.97	8.48		7.22	6.52	7.51		7.02	4.03	6.42		5.23
加气量（V）												
CK	3.75c	5.54b	ns	4.65b	3.91c	4.31c	ns	4.11c	2.36b	3.92dc	*	3.14b
V1	6.43b	10.28ab	ns	8.36a	14.81a	9.09b	*	11.95a	8.04a	6.56b	ns	7.30a
V2	8.57a	12.26a	ns	10.42a	10.22b	11.47a	ns	10.85ab	3.55b	6.65a	**	5.10ab
V3	8.41a	10.06ab	ns	9.24a	5.75c	9.80ab	*	7.77b	3.46b	8.96a	**	6.21a
均值	6.81	9.51		8.16	8.59	8.67		8.63	4.31	6.53		5.42
F-value												
加气频率（F）	12.414**	8.968*			5.564*	13.597**			20.572**	13.250**		
加气量（V）	18.964**	0.461ns			18.241**	2.976ns			14.398**	4.875ns		
F×D	ns				ns				ns			
V×D	ns				**				**			

注：不同大写字母为同一行数据差异显著性水平，小写字母为同一列数据差异显著性水平，$P<5\%$ 水平显著。* 和 ** 分别代表 $P<5\%$ 和 $P<1\%$ 水平上差异显著，ns 表示差异不显著（$P>5\%$）。

5.1.3　土壤微生物、土壤酶与番茄产量相关关系

从表 5-3 可看出，非根际土壤酶活性与产量相关性较低。仅 30 cm 土层深度非根际土壤脲酶活性及 20 cm 土层深度非根际磷酸酶活性与番茄产量有显著性正相关关系。10 cm 及 40 cm 以下土层深度土壤酶活性与番茄产量均无显著性相关关系。

表 5-3　加气灌溉条件下不同土层深度非根际土壤酶活性与产量的相关关系

非根际土壤酶	10 cm	20 cm	30 cm	40 cm	50 cm	10–50 cm
脲酶活性	−0.108	−0.118	0.267**	0.068	0.031	0.055
磷酸酶活性	0.102	0.218*	0.002	−0.017	−0.115	0.010
过氧化氢酶活性	−0.023	0.058	−0.169	−0.058	−0.181	−0.155

注：* 和 ** 分别表示在 $P<5\%$ 和 $P<1\%$ 水平上显著相关。

从表5-4可看出，番茄产量与根际三种土壤酶活性及细菌、真菌均有极显著正相关关系，产量与放线菌有显著正相关关系。细菌、真菌之间及其与三种酶之间均有显著正相关关系，放线菌与过氧化氢酶活性有极显著正相关关系，三种酶之间有极显著正相关关系。

表5-4　加气灌溉条件下根际土壤酶活性、微生物数量及番茄产量的相关关系

观测指标	番茄产量	细菌	真菌	放线菌	脲酶	磷酸酶	过氧化氢酶
番茄产量	1	—	—	—	—	—	—
细菌	0.711**	1	—	—	—	—	—
真菌	0.591**	0.507**	1	—	—	—	—
放线菌	0.411*	0.367*	0.455**	1	—	—	—
脲酶	0.829**	0.657**	0.577**	0.229	1	—	—
磷酸酶	0.759**	0.559**	0.397*	0.215	0.868**	1	—
过氧化氢酶	0.892**	0.719**	0.739**	0.574**	0.819**	0.714**	1

注：* 和 ** 分别表示在 $P<5\%$ 和 $P<1\%$ 水平上显著相关。

5.2 加气灌溉对土壤细菌群落结构的影响

5.2.1 番茄根区土壤细菌群落多样性对土壤加气量及地下滴灌带埋深的响应

如表5-5所示，D15CK、D15V1、D15V2、D15V3、D40CK、D40V1、D40V2和D40V3分别产生了大约59739、73646、59897、63732、64014、46433、62020和47224个reads。通过Illumina MiSeq DNA测序，从24个土壤样本中总共获得了1430115个读数和285080个OTU（表5-5；图5-4）。分析发现，土壤通气性对根际细菌ACE、Chao指数、Shannon和Simpson多样性有显著影响。D15CK处理ACE、Chao指数和Shannon多样性均低于15 cm埋深加气处理（表5-5）。此外，D40V2处理下ACE和Chao指数显著高于D40CK处理，但细菌Coverage指数差异不显著。在97%的序列相似性将reads聚类成OTU。8个处理的稀释性曲线随着reads数量增加而趋于平缓（图5-4a）。CK处理下OTU数目显著低于加气处理（图5-4b）。图5-4表明细菌群落的物种均匀度在8个处理间具有相似性，但非加气处理下的细菌群落相较于加气处理的细菌丰富度较低。

表 5-5　不同加气及埋深处理下细菌丰富度及多样性

处理	DNA 序列度数（reads）	丰度估值		Coverage 指数	Diversity 指数	
		ACE	Chao		Shannon 指数	Simpson 指数
D15CK	59739	2480.5 ± 56.3d	2525.0 ± 81.6c	0.9900 ± 0.0052a	6.285 ± 0.065b	0.0050 ± 0.0009a
D15V1	73646	2687.9 ± 38.3ab	2699.9 ± 51.7a	0.9944 ± 0.0025a	6.682 ± 0.123ab	0.0028 ± 0.0006c
D15V2	59897	2668.9 ± 45.2ab	2661.7 ± 56.0a	0.9921 ± 0.0044a	6.604 ± 0.180ab	0.0032 ± 0.0004bc
D15V3	63732	2694.6 ± 40.0ab	2704.1 ± 53.1a	0.9950 ± 0.0040a	6.662 ± 0.039ab	0.0031 ± 0.0005bc
D40CK	64014	2557.5 ± 46.4cd	2576.2 ± 63.6bc	0.9935 ± 0.0019a	6.408 ± 0.100ab	0.0042 ± 0.0002ab
D40V1	46433	2537.1 ± 48.3cd	2568.8 ± 68.8bc	0.9903 ± 0.0041a	6.694 ± 0.178ab	0.0028 ± 0.0006c
D40V2	62020	2700.9 ± 41.8a	2712.8 ± 56.2a	0.9935 ± 0.0044a	6.785 ± 0.468a	0.0026 ± 0.0008c
D40V3	47224	2610.4 ± 54.5bc	2638.4 ± 75.4abc	0.9881 ± 0.0020a	6.470 ± 0.267ab	0.0035 ± 0.0010bc
F 值						
滴灌带埋深（D）		2.723ns	0.813ns	0.962 ns	0.116ns	0.949ns
土壤加气量（V）		14.187**	5.429**	0.138 ns	3.286*	8.920**
V × D		7.502**	2.979ns	2.456ns	0.838ns	0.928ns

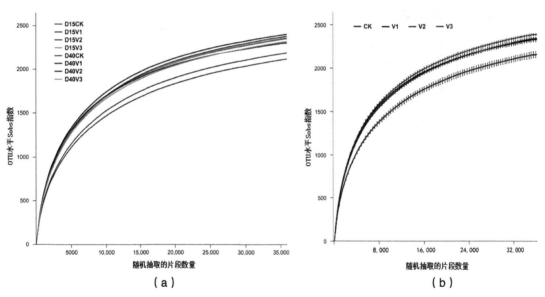

图 5-4　（a）加气、埋深处理组合及（b）4 个加气处理稀释曲线分布

5.2.2　番茄根区土壤细菌群落的组成和结构对土壤加气及地下滴灌带埋深的响应

在门、纲、目和科分类水平上分析了 8 个处理下番茄根区土壤细菌的群落结构。在 8 个处理中，变形菌门（Proteobacteria）、放线菌门（Acidimicrobidae）、绿弯菌门（Chloroflexi）、酸杆菌门（Acidobacteria）和拟杆菌门（Bacteroidetes）在门水平

上占群落丰度的 80% 以上。在相同水平的滴灌带埋深下，随着加气量的增加，V1、V2 和 V3 细菌群落中变形菌门的相对丰度呈现增加的趋势。尽管如此，三种通气处理的变形菌丰度均低于CK处理。与加气处理相比，不加气处理的酸杆菌群落丰度较低。地下滴灌带埋深为 40 cm 时，A1、A2 和 A3 处理下酸杆菌门丰度呈显著降低趋势（分别为 16.28%、12.80% 和 7.35%）。分析发现，所有加气处理都比CK处理（6.09%）有更高的丰度。在地下滴灌带埋深为 15 cm 时，酸杆菌门占植物门水平群落丰富度的 9.13%~9.85%，加气处理的物种丰富度高于CK处理。

针对不同加气处理和地下滴灌带埋深处理，我们运用Venn图进行菌群分析（图 5-5）。总体而言，各加气处理和不同埋管深度处理之间存在共有菌科的情况。其中，共有科在总科数中占比分别为 88.4% 和 97.9%，这表明各处理土壤中都存在一部分共同的细菌种类。具体来说，CK处理和V2处理分别拥有 3 个科和 2 个科。

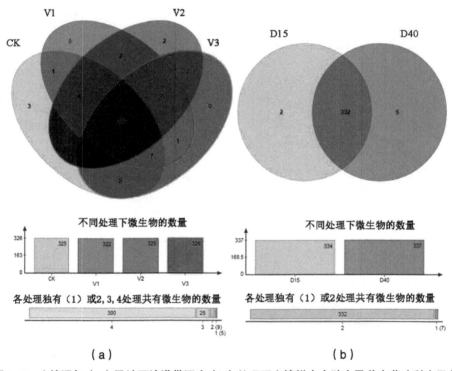

图 5-5　土壤通气（a）及地下滴灌带深度（b）处理下土壤样本中独有及共有菌（科水平）

在纲水平上，研究发现根际土壤中主要细菌是放线菌纲（Actinobacteria）、α 变形菌（Alphaproteobacteria）、γ 变形菌（Gammaproteobacteria）、酸杆菌（Acidobacteriales）、芽单胞菌纲（Gemmatimonadetes）、β 变形菌（Betaproteobacteria）和厌氧绳菌纲（Anaerolineae）。我们的研究发现，在地下滴灌带埋深为 15 cm 和 40 cm

时，不加气处理的γ变形菌和β变形菌的相对丰度均高于加气处理。土壤通气导致15 cm和40 cm地下滴灌带深度的黄单胞菌数量减少。而在40 cm埋深处，随着加气量的增加，酸杆菌和根瘤菌的数量也随之增加。

5.2.3 番茄根系形态及活性对土壤加气及地下滴灌带埋深的响应

根据表5-6的结果可知，加气量和滴灌带埋深对植物的根长、根表面积、根尖数和根系活力都具有显著影响。研究发现，在未加气处理条件下，根系的形态和活性都表现得最低。与D15CK和D40CK相比，D40V3处理显示出较高的根长、根表面积、根尖数和根系活力。此外，研究还发现，在加气处理次数增加的情况下，加气效益也会增加。与地下滴灌带布设深度为15 cm相比，40 cm的滴灌带埋深对根系的形态和活力具有更大的益处，但分析发现滴灌带埋深对根系分叉数无显著影响。研究揭示了通气量和滴灌管埋深度对植物根系的重要性。较高的加气量和较深的滴灌管埋深度可显著促进根系的发育和活跃度。这表明在农业和园艺实践中，加气处理和适当选择滴灌管埋深度有助于提高作物的根系质量和生长表现。进一步的研究可以探索更多关于加气量和滴灌管埋深度之间关系的细节，以最大限度地优化植物的生长环境。

表5-6 根系形态对不同加气和埋深处理的响应

处理	根长 / cm	根表面积 / cm²	根尖数	根系分叉数	根系活力 / (mg TTC g⁻¹ h⁻¹)
D15CK	2022.2 ± 140.7d	439.0 ± 14.9d	14151.0 ± 2236.1de	11164.0 ± 859.6b	13.6 ± 0.6c
D15V1	2343.4 ± 248.3bcd	478.9 ± 42.9bc	18182.8 ± 3715.5bcd	12664.0 ± 1206.0ab	15.6 ± 0.4ab
D15V2	2414.4 ± 40.0bc	477.4 ± 4.2bc	15286.3 ± 1026.7cde	12647.0 ± 1180.0ab	15.5 ± 1.4ab
D15V3	2578.1 ± 263.0abc	507.7 ± 5.8ab	19828.2 ± 3965.6bcd	12879.3 ± 1165.8ab	15.6 ± 1.4ab
D40CK	2297.4 ± 166.0cd	450.6 ± 5.5cd	10857.0 ± 1875.2e	12118.0 ± 289.3ab	14.4 ± 0.7bc
D40V1	2686.8 ± 154.4ab	481.9 ± 14.8bc	21672.1 ± 3743.1bc	13174.0 ± 1098.1ab	17.0 ± 1.0a
D40V2	2775.4 ± 205.4a	525.7 ± 18.2a	30353.9 ± 5197.8a	12328.1 ± 1446.9ab	16.7 ± 0.5a
D40V3	2783.0 ± 177.9a	529.0 ± 6.0a	22722.3 ± 3662.3b	13657.3 ± 935.7a	17.1 ± 0.4a
F-value					
加气量（V）	9.047**	17.685**	10.734**	2.571 ns	10.402**
滴灌带埋深（D）	15.164**	7.791*	10.573**	1.206 ns	11.989**
V×D	0.219ns	1.686ns	7.527**	0.414 ns	0.188 ns

注：表中2022、2±140.7表示平均值±标准差，同列数据不同字母表示差异显著性水平，小写字母为 $P<5\%$。* 和 ** 分别代表 $P<5\%$ 和 $P<1\%$ 水平上差异显著，ns 表示差异不显著（ $P>5\%$ ）。

5.2.4 土壤细菌群落的主成分分析和冗余度分析

根据主成分分析结果，图 5-6 显示主成分PC1 和PC2 对 8 个处理间细菌群落差异的贡献率分别为 47.22%和 21.91%。在PC1 条件下，D40V1、D40V2、D40V3 和D15V2 的效果与D15V2 和D15V3 类似，而D15CK和D40CK的效果与其他处理之间存在显著差异。在PC2 条件下，D40V3、D40V2、D40CK和D15CK的效果与D40V1 和D15V2 类似，而D15V1 和D15V3 之间的差异显著。进一步的分析表明，土壤环境中番茄根系的活力和形态对细菌群落中最丰富的 30 个属的影响最为显著。

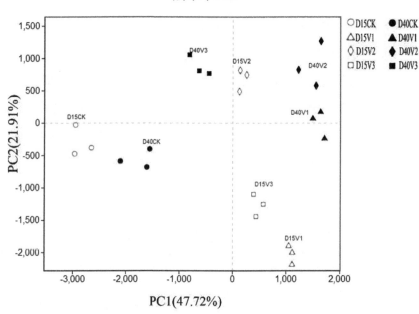

图 5-6　不同土壤加气和埋管深度处理下不同土壤微生物群落的主成分分析（PCA）

注：加气量分别为不加气（CK）和标准加气量的 0.5 倍（V1）、1 倍（V2）和 1.5 倍（V3），埋管深度（D）分别为 15 cm 和 40 cm。

5.3 加气灌溉对土壤真菌群落结构的影响

5.3.1 番茄根区土壤真菌群落组成与结构

稀释曲线如图 5-7 所示，用于基于 97%的相似度阈值对样本中检测到的OTU数量和丰富度进行标准化。在每种通气和地下深度组合条件下，根际土壤样品中的主要门是子囊菌门（Ascomycota）（33.98%~88.37%，平均 68.22%），其次是接合菌门

（Zygomycota）（4.35%~58.38%，平均20.54%），这些门的序列总共占了真菌总序列的98%以上。此外，我们注意到接合菌门的丰度随着土壤通气量的增加而减少，而子囊菌门的丰度随着土壤通气量的增加而增加。在不同的地下深度和通气量处理条件下，优势属为被孢霉属（Mortierella）和青霉菌（Penicillium），这些属的序列占总真菌序列的50%以上。在这些最丰富的属中，被孢霉在土壤通气处理中的相对丰度较低，而青霉菌属（Penicillium）和镰刀菌属（Fusarium）的相对丰度较高。

稀释曲线

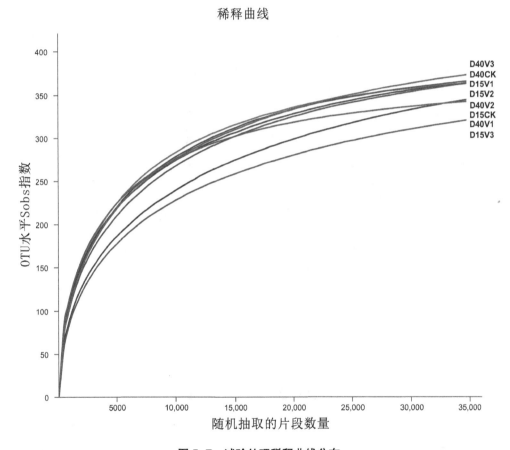

图5-7　试验处理稀释曲线分布

真菌属的聚类分析也得出了类似的结果，如图5-8所示，不同地下深度和通气量处理之间的真菌群落可以分为三组：第一组包括D15CK和D40CK处理；第二组包括D15V3、D40V2和D40V3处理；第三组包括D15V1、D15V2和D40V1处理。这些结果表明，土壤通气和不同地下深度处理都能改变真菌群落的组成。

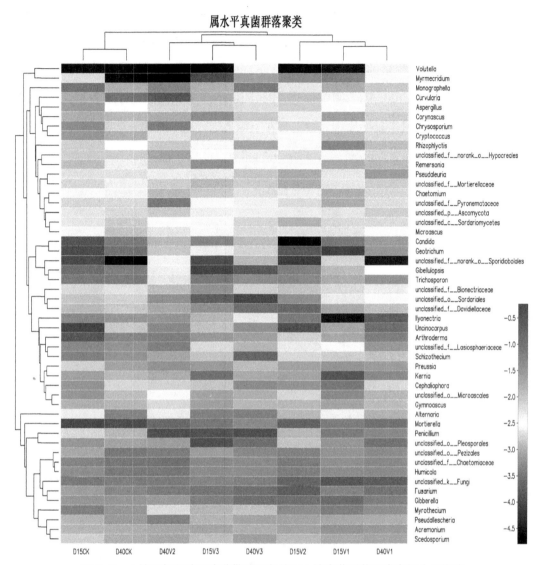

图5-8 土壤通气和地下滴灌带埋深条件下土壤真菌群落组成在属水平聚类

构建Venn图以显示不同通气处理之间独有的和共有的属和OTUs（图5-9）。Venn图显示，在所有处理中，共包括95个属和266个OTUs。其中，所有通气处理中共有的属占40.60%，共有的OTUs占30.30%，表明40.60%的真菌属存在于所有处理中。CK、V1、V2和V3分别独有23、16、23和44个属，CK、V1、V2和V3分别独有87、69、144和68个OTUs。D15和D40分别独有34和51个属，D15和D40分别独有163和226个OTUs。

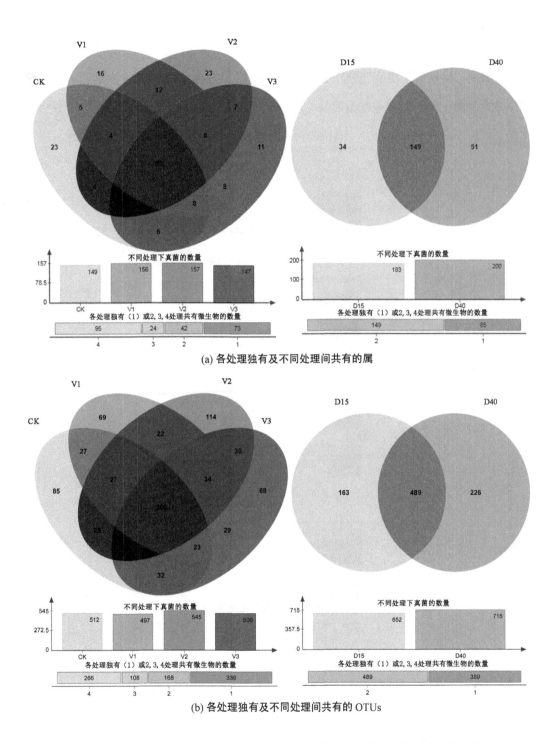

(a) 各处理独有及不同处理间共有的属

(b) 各处理独有及不同处理间共有的 OTUs

图 5-9　不同处理（即土壤加气和地下埋管深度处理）土壤样品中检测到的独有和共有属（a）和 OTUs（b）

图 5-10 展示了不同土壤通气处理条件下（a）门、（b）目、（c）科和（d）属级别真菌的显著差异。研究结果表明，随着通气量的增加，子囊菌门的丰度也随之增加，V3 处理丰度最高。在所有土壤通气处理中，毛孢菌科（Lasiosphaeriaceae）的比例都高于CK处理中观察到的比例，而大孢枝孢菌科（Davidiellaceae）的比例则低于CK处理中观察到的比例。此外，所有通气处理中，篮状菌属（Talaromyces）的丰度明显高于CK处理。

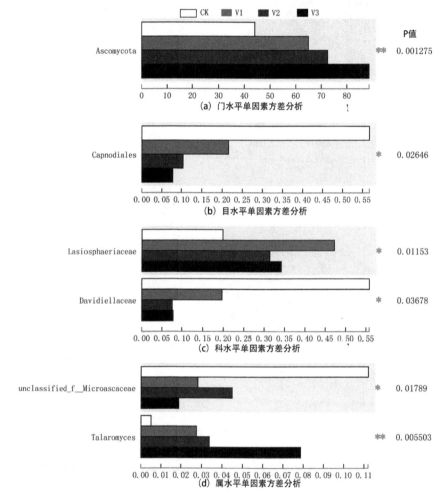

图 5-10　不同土壤通气处理下真菌丰度在（a）门、（b）目、（c）科和（d）属水平上存在显著差异

注：星号的数量表示根据单因素方差分析在不同土壤通气处理之间存在显著差异：* 为 $0.01 < p \leqslant 0.05$；** 为 $p \leqslant 0.01$。

根据图 5-11 的数据，与 15 cm 滴灌带埋深相比，40 cm 埋深在门水平上壶菌门（Chytridiomycota）的丰度显著增加。在纲水平上，壶菌纲（Chytridiomycetes）的丰度也增加。在目水平上，40 cm 埋深处理微囊菌目（Microascales）和蛛网菌目

（Arachnomycetales）丰度更高。在科水平上，有更多的小囊菌科（Microascaceae）、裸子囊科（Gymnoascaceae）和蛛网囊菌科（Arachnomycetaceae）。在属水平上，有更多的节孢菌属（Scedosporium）、蛛网菌属（Arachnomyces）和拟棘壳孢属（Pyrenochaetopsis）。此外，结果还显示，滴灌带埋深 40 cm 处理导致黑粉菌纲（Ustilaginomycetes）、黑粉菌目（Ustilaginales）和黑粉菌科（Ustilaginaceae）的数量减少。

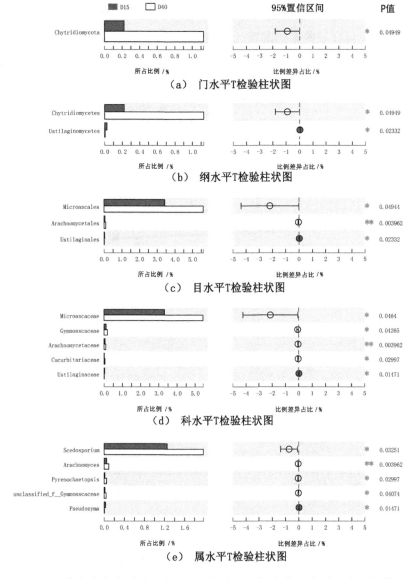

图5-11 真菌丰度在（a）门、（b）纲、（c）目、（d）科和（e）属级别上的差异

注：星号的数量表示根据单因素方差分析在不同处理之间存在显著差异：* 为 $0.01 < P \leq 0.05$；** 为 $P \leq 0.01$。

5.3.2 根际土壤真菌群落 PCA 和 RDA 分析

通过PCA分析（图5-12），我们可以揭示菌群在根际土壤样品中的相似性，并了解不同土壤通气和深度处理对OTU水平的影响。PCA分析结果显示，第一和第二个坐标轴解释了菌群群落数据集中80.46%的方差，同时提供了比其他主成分更多的信息。PC1和PC2分别对不同通气和埋管深度处理之间的菌群差异做出了63.14%和17.32%的贡献。根据PCA分析的结果，可以发现D15CK和D40CK处理之间的效果相似，意味着它们在菌群组成上存在一些共同的特征。类似地，D15V1，D15V2和D40V1处理之间的效果也相似，说明它们在菌群组成方面可能有一定的相似性。D15V3和D40V3之间的效果也相似，表明它们在菌群的组成上可能呈现出一些相似的特征。

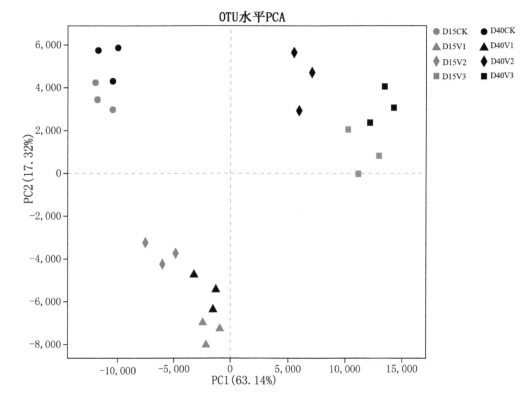

图 5-12　不同土壤通气性和埋管深度处理下不同土壤真菌群落的PCA

为了量化菌群对植物性能在属水平上的相对影响，我们使用了冗余分析（RDA）（图5-13）。通过RDA分析结果，我们可以看到RDA1和RDA2分别解释了观察到的重量变异的59.38%和9.14%。此外，通过组合变量，我们能够解释观察到变异的68.52%。关于菌群群落与植物性能之间的关系，我们发现植物性能与被孢霉属（Mortierella）的丰度呈负相关，而与青霉菌属（Penicillium）的丰度呈正相关。这意味着被孢霉属的丰度的增加可能与植物的根、茎和叶的干重、根冠比以及果实产量的下降有关。相反，青霉菌属的丰度的增加可能会对植物的性能产生积极的影响。

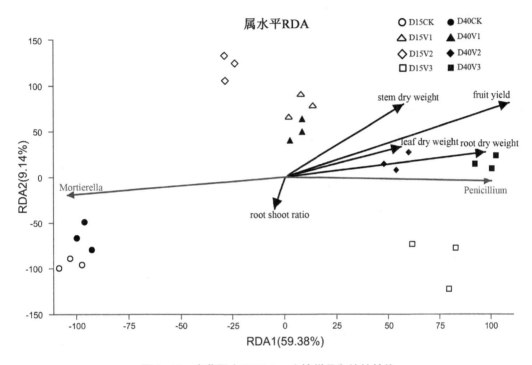

图 5-13　真菌属水平RDA、土壤样品和植株性能

5.4　讨论

根际是植株与土壤的微环境，是作物获取养分的主要区域，是根系生长发育、营养成分吸收和新陈代谢的主要场所。根系分泌物种类繁多，数量各异，不仅有糖、有机酸、氨基酸等初生代谢产物，还有酮酚和胺等次生代谢产物。根际分泌物多作用于周围环境形成根际，产生根际效益[1][2][3]。根际微生物是聚集在根际土壤，以根际分泌物

---

①H GH-JENSEN H，SCHJOERRING J K. Rhizodeposition of nitrogen by red clover，white clover and ryegrass leys[J]. Soil Biology and Biochemistry，2001，33（4-5）：439-448.

②ROVIRA A D. Diffusion of carbon compound away from wheat roots[J]. Australian Journal of Biological Sciences，1969，22：206-216.

③LILJEROT H E，BAAT H E，MATHIASSON I，LUNDBORG T. Root exudation and rhizoplane bacterial abundance of barley（*Hordeum vulgare* L.）in relation to nitrogen fertilization and root growth[J]. Plant and Soil，1990，127（1）：81.

为主要营养的一群微生物。根系分泌物为土壤微生物提供大量的营养和能源物质。土壤微生物、土壤动物、作物根际及其遗骸向土壤中分泌酶，根际土壤酶又影响到土壤养分的转化及作物根际对养分的吸收利用。加气处理改变了土壤原有气体环境，土壤微生物及植株根系代谢活动受到改变，因此根际土壤酶活性及根际养分循环必然受到影响。

5.4.1 加气灌溉对土壤微生物数量的影响

5.4.1.1 对甜瓜种植下土壤微生物数量的影响

在土壤温度、水分适宜，通气良好的条件下，土壤中好气性微生物活动旺盛，腐殖质分解快，能够释放更多的养分供植物吸收利用。土壤细菌中的固氮菌为植株提供氮源，硝化细菌避免了亚硝酸盐在土壤中的积累。真菌将纤维素、木质素和果胶等分解并释放养分，菌丝的积累改善了土壤的物理结构，然而，真菌同化土壤碳素，固定无机态营养，该过程又与作物争夺养分[①]。放线菌是抗生素的主要产生菌，具有良好的生防效果，对调整土壤微生物生态平衡具有重要作用。

本试验中土壤细菌占绝大多数，放线菌次之，真菌最少。加气灌溉对土壤细菌、真菌和放线菌数量均具有显著影响。加气频率和加气位置（滴灌带埋深）是影响土壤微生物数量的重要因素，适当提高加气频率能增加土壤细菌、真菌和放线菌的数量，但当加气频率过高时，真菌和放线菌数量反而减少。加气频率的升高导致真菌及放线菌数量降低是由于加气处理已解除土壤的低氧胁迫，土壤气体已不是限制土壤微生物数量的主要因素，随加气频率的升高，加大了气体在土壤中的流动，频繁的气流对微生物扰动作用增强，微生物数量及其代谢产酶能力降低，该结果与谢恒星等[②]研究得出温室甜瓜每隔 2 d 加气 1 次可获得更高的产出、投入比一致。放线菌是好氧菌，而本试验发现随加气频率的提高放线菌数量减少。本试验还发现，加气位置对土壤微生物数量也有显著影响，地下滴灌带埋深 25 cm 时土壤微生物数量最多。试验结束后对根系分析发现甜瓜根系主要分布于地下 30 cm 范围内，滴灌带埋深 25 cm 时为根系供水、供

---

①张晶，张惠文，李新宇，等.土壤真菌多样性及分子生态学研究进展[J].应用生态学报，2004（10）：1958-1962.

②谢恒星，蔡焕杰.加氧灌溉温室甜瓜植株蒸腾人工神经网络分析[J].广东农业科学，2013（14）：44-47.

气效率最高，埋深 40 cm 时因过深而降低了气体对根区土壤微生物数量的影响，埋深 10 cm 时存在烟囱效应气体外溢严重，加气效率降低，对根际土壤微生物数量的影响也随之降低。但也有研究表明，地下滴灌带埋深为 40 cm 时小麦水分利用效率及产量最高[1]，原因是本试验地下滴灌带为土壤供水同时还担负改善土壤气体作用，其次土壤质地、种植作物不同也是得到不同结果的主要原因。由于本试验甜瓜全生育期灌水仅 2 次，导致灌水上限对土壤微生物数量的影响不显著。

5.4.1.2　对番茄种植下土壤微生物数量的影响

在土壤温度和适宜的水分条件下，良好的通气环境会促进土壤中好气性微生物的活动。这些微生物在土壤中发挥重要作用，例如加快腐殖质的分解，释放更多的养分供植物吸收利用[2]。土壤中的固氮菌为植物提供氮源，而硝化细菌则帮助避免亚硝酸盐在土壤中的积累。另外，真菌也参与了土壤的碳循环，通过分解纤维素、木质素和果胶等有机物质，并释放养分。菌丝的积累改善了土壤的物理结构[3]。然而，真菌同化土壤中的碳素和固定无机态营养的过程，也与植物竞争养分[4]。此外，放线菌是主要的抗生素产生菌，并对土壤磷酸酶活性有重要贡献[5]。

本试验中土壤细菌占绝大多数。加气频率对三种微生物均有显著影响，细菌、真菌数量均随加气频率的升高而升高，但放线菌数量随加气频率的升高呈先升高后降低趋势，是由于根区易发生低氧胁迫，高加气频率均能够有效缓解根区低氧胁迫，促进根区土壤微生物的繁殖，该结论与前人对加气条件下土壤微生物的研究及每隔 2 d 加气

①何华，康绍忠，曹红霞. 地下滴灌埋管深度对冬小麦根冠生长及水分利用效率的影响[J]. 农业工程学报，2001（06）：31-33.

②GYANESHWAR P，NARESH KUMAR，PAREKH L J，et al. Role of soil microorganisms in improving P nutrition of plants[J]. Plant and soil，2022，245（1）：83-93.

③TEDERSOO L，BAHRAM M，POLME S，et al. Global diversity and geography of soil fungi[J]. Science，2014，346（6213）：1256688.

④BURKE D J，WEINTRAUB M N，HEWINS C R，et al. Relationship between soil enzyme activities，nutrient cycling and soil fungal communities in a northern hardwood forest [J]. Soil Biology and Biochemistry，2011，43（4）：795-803.

⑤GHORBANI-NASRABADI R，GREINER R，ALIKHANI H A，et al. Distribution of actinomycetes in different soil ecosystems and effect of media composition on extracellular phosphatase activity[J]. Journal of Soil Science and Plant Nutrition，2013，13（1）：223-236.

1次可获得更高的产出、投入比相一致[1][2]。加气量与滴灌带埋深交互作用对真菌、放线菌数量有极显著影响。15 cm埋深V1处理下真菌、放线菌数量最高，而40 cm埋深V2处理下真菌数量最多，V3处理放线菌数量最多，由于15 cm埋深高加气量下土壤气体已不是限制土壤微生物数量的主要因素，加气处理已解除土壤的低氧胁迫，但随加气量的升高加大了气体在土壤中的流动，频繁的气流对微生物扰动作用增强，微生物数量降低；而40 cm滴灌带埋深下，供气位置位于植株主根区以下，高加气量下加气处理对土壤微生物的影响才逐渐突显出来。

5.4.2 根际土壤细菌与根系形态对土壤通气的响应

土壤中的细菌对于土壤的生化和生理过程至关重要，其多样性和群落组成对这些过程的调节起着关键作用。大量研究表明，植物根系、土壤细菌和土壤性质之间的相互作用可以调节植物的表现，包括促进或抑制土传病原体的生长、土壤有机质的分解以及养分的循环和利用。研究发现，黄单胞菌（Luteimonas）、分枝杆菌（Mycobacterium）和热单胞菌（Thermomonas）与番茄根系的生长指标（如根长、根表面积、根叉数）和根活性呈负相关（图5-14）。此外，红假单胞菌（Rhodopseudomonas）与根尖和根活性也呈负相关。一般来说，根叉、表面积和活性越高，植物从土壤中吸收养分的面积就越大。这表明，番茄根区的低土壤通气性导致了黄单胞菌、分枝杆菌和热单胞菌的减少。有研究表明，黄单胞菌（Luteimonas）与植物的重要病原菌黄单胞菌（Xanthomonas）有密切的亲缘关系。而分枝杆菌则是一种专性的细胞内病原体，广泛分布于世界各地。热单胞菌则在厌氧条件下生长。研究结果表明，土壤通气性对番茄根区土壤细菌的丰度有显著影响，特别是在土壤加气处理下，厌氧细菌和植物病原菌的丰度降低。

---

①李元，牛文全，张明智，等.加气灌溉对大棚甜瓜土壤酶活性与微生物数量的影响[J].农业机械学报，2015，46（08）：121-129.

②谢恒星，蔡焕杰，张振华.温室甜瓜加氧灌溉综合效益评价[J].农业机械学报，2010（11）：79-83.

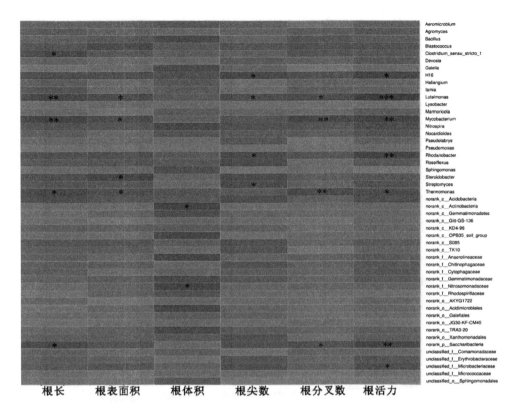

图 5-14　番茄根系形态、活性与前 50 个丰富的土壤微生物群落之间的相关性。*显著在 5%水平，
**显著在 1%水平

尽管没有具体报告土壤细菌群落对土壤通气反应的研究，但本研究的结果与之前的研究相似，表明土壤细菌随着通气量的增加而增加。通过使用高通量测序技术，本研究进一步强化了先前结果的可靠性。事实上，我们的结果显示，通气土壤中细菌群落的ACE、Chao指数和Shannon多样性都高于非通气土壤（图 5-15），这表明土壤通气影响了土壤细菌的丰度和多样性。变形菌、放线菌和酸杆菌是研究区内最显著的细菌门类。

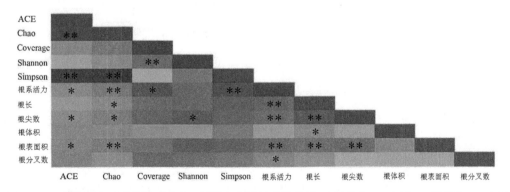

图 5-15　土壤细菌群落的根系形态、活性和多样性的相关性。*显著在 5%水平，**显著在 1%水平

费雷尔（Fierer）等[1]的研究预测，共营养细菌（如变形菌）更适应养分丰富的环境，尤其是碳矿化率较高的条件，而寡营养细菌（如酸性菌）在碳有效性较低的土壤中占主导地位。有趣的是，我们的研究结果显示，在CK处理下，在15 cm和40 cm的地下滴灌带深度处，变形菌（尤其是β变形菌）的相对丰度较高。除此，所有加气处理中观察到的变形菌相对丰度都较低。由于土壤细菌测定是在果实采收之后进行的，整个生育期中土壤通气性造成的高氧环境加速了养分循环。在良好的土壤-空气环境中，容易分解的养分被植物利用或通过灌溉淋溶。因此，土壤通气处理降低了果实采收后土壤中β-变形菌的丰度。此外，研究表明，在高CO_2暴露的土壤中，变形菌的数量明显多于其他土壤，这与我们的结果一致，即土壤加气后变形菌的水平显著下降。

本研究的结果显示，根尖数和番茄活性与土壤通气量呈显著正相关。这意味着通过滴灌进行土壤加气可以抵消氧胁迫的负面影响。此外，我们还发现土壤通气能有效提高根系活力。综上所述，我们的研究提供了土壤通气处理能够有效缓解番茄根区缺氧的证据。我们推测，增加通气量将为植物根系的有氧呼吸提供更多的氧气，从而促进植物根系的生长。

本研究还分析了根系形态与土壤细菌群落多样性的关系。通过Pearson相关分析，我们发现ACE和Chao多样性指数与根尖、表面积和根系活力呈正相关。这表明土壤通气显著提高了土壤细菌群落多样性和根系形态及活性。由于土壤酶是由土壤微生物、土壤动物和植物根系分泌的，我们推测土壤通气改变了土壤水分分布，并对土壤微生物、土壤动物和植物根系产生了影响。这种影响进而会影响土壤酶的活性，从而影响土壤微生物和养分的转化，以及根系的生长。

5.4.3 甜瓜种植下土壤酶活性与土壤微生物对加气灌溉的响应

试验发现加气灌溉对2种土壤酶活性均有显著影响，加气频率和加气位置是影响土壤酶活性的主要因素，而灌水控制上限对土壤酶活性的影响较小。加气频率、滴灌带埋深和灌水上限相互作用可以形成良好的土壤水气环境，显著提高土壤酶活性。埋深25 cm、每2 d加气1次过氧化氢酶活性最高；埋深40 cm、每天加气1次脲酶活性最高，是由于25~40 cm土层深度水分充足、温度相对稳定，土壤空气成为限制土壤酶

---

①FIERER N，BRADFORD M A，JACKSON R B. Toward an ecological classification of soil bacteria[J]. Ecology，2007，88（6）：1354-1364.

活性的主要因素。埋深对 2 种酶活性的影响均为花期极显著，随植株的生长显著性逐渐降低，是由于不同滴灌带埋深导致各层面水、气分布不均，土壤微环境差异显著，而花期根系相对短少，水、气分布不均直接对土壤根系及根际微生物活动造成影响，间接影响到根际土壤酶活性。然而随植株生长，根系已逐渐扩张至不同滴灌带埋深处（0~40 cm），不同埋深处理对根系土壤微环境影响减弱，因此滴灌带埋深对土壤酶活性的影响也逐渐降低。本研究还发现，当提高加气频率时，可显著提高微生物的繁殖速度，提高其代谢产酶能力，但过高的加气频率，会降低土壤真菌及放线菌数量，间接影响到土壤过氧化氢酶活性。适当提高土壤水分能够增加土壤酶活性，但水分过多土壤过氧化氢酶活性反而降低，该结果与朱同彬等[1]的研究结果相一致。但也有研究表明过度灌溉降低了土壤透气性，土壤过氧化氢酶活性随土壤水分增加而增加，脲酶活性随水分增加而降低[2]。原因是本试验采取加气灌溉，有效改善了土壤氧环境，因而土壤过氧化氢酶活性并没有升高。其次，土壤类型、植被覆盖、试验设置水分梯度等因素不一也是得到不同结论的原因。

前人研究表明土壤酶活性与微生物有密切的关系[3][4]，土壤加气状况的改变会影响微生物数量、根系活力，间接影响到土壤酶活性。本试验（表 5-7）发现，放线菌数量与细菌数量呈负相关与Shannon指数呈高度正相关，是由于放线菌分泌抗生素抑制了细菌的生长，而本试验中细菌在微生物中占绝大多数，放线菌的增加降低了细菌的数量而平衡了真菌、放线菌的数量，因此Shannon指数提高。放线菌是产脲酶的主要菌种，本研究发现放线菌数量与脲酶活性呈显著正相关，该结果与彭仁等[5]的研究结果一致；细菌数量与Shannon指数呈显著负相关，细菌数量降低，多样性指数提高。而细菌数量与真菌数量呈正相关，说明试验中细菌、真菌对处理的响应具有一定的一致性。

---

①朱同彬，诸葛玉平，刘少军，等.不同水肥条件对土壤酶活性的影响[J].山东农业科学，2008（03）：74-78.

②ZHANG Y，WANG Y. Soil enzyme activities with greenhouse subsurface irrigation[J]. Pedosphere，2006，16（4）：512-518.

③关松荫.土壤酶及其研究法[M].北京：农业出版社，1986：15-45.

④NIU W，ZANG X，JIA Z，et al. Effects of rhizosphere ventilation on soil enzyme activities of potted tomato under different soil water stress[J]. Clean - Soil，Air，Water，2012，40（3）：225-232.

⑤彭仁，邱业先，汪金莲.脲酶高产菌的筛选和产酶条件的研究[J].江西师范大学学报（自然科学版），2003（03）：273-275.

表 5-7　土壤酶活性与微生物数量的相互关系

测定指标	过氧化氢酶活性	脲酶活性	细菌数量	真菌数量	放线菌数量	Shannon 指数
过氧化氢酶活性	1	—	—	—	—	—
脲酶活性	0.089	1	—	—	—	—
细菌数量	0.097	−0.188	1	—	—	—
真菌数量	0.102	0.283	0.362	1	—	—
放线菌数量	0.193	0.582	−0.545	0.046	1	—
Shannon 指数	−0.064	0.575	−0.681	0.059	0.882	1

注：* 和 ** 分别表示在 5% 和 1% 水平上显著相关。

总之，加气灌溉改善了土壤水气环境，促进了土壤微生物数量和多样性的变化，进而提高了土壤酶活性。影响土壤微生物的因素还有很多，如土壤养分、土壤质地、pH、温度、渗透压等[①]，同时，土壤酶活性也受植物根系分泌物的影响，因此，加气灌溉影响土壤酶活性的机理还需进一步试验研究。

5.5 小结

（1）加气灌溉对土壤微生物数量有显著影响。对细菌、放线菌数量影响由大到小依次为加气频率、滴灌带埋深和灌水上限。

（2）适宜的加气频率、灌水上限和滴灌带埋深可以营造适宜的土壤水、气环境，促进土壤微生物繁殖，提高土壤酶活性。最适宜的滴灌带埋深为 25 cm；每天加气一次土壤细菌数量最多，每 2 d 加气 1 次真菌数量最多，每 4 d 加气一次土壤放线菌数量最多；灌水至田间持水率的 80% 放线菌数量最高，灌水至田间持水率的 90% 细菌及真菌数量最多。

（3）土壤通气性对番茄根区土壤细菌丰度和多样性有显著影响。土壤通气增加了根的长度、表面积、根尖和活性。与不加气处理相比，当土壤加气量为 V3 时，ACE、Chao 指数、Shannon 多样性指数、根长、表面积、活性均增加。土壤加气处理提高了酸杆菌的丰度，降低了 γ 变形菌的丰度，消除了地杆菌科和盐生有氧菌科。不同的地

---

① 徐琪，杨林章，董元华. 中国稻田生态系统[M]. 北京：中国农业出版社，1998：1-65.

下滴灌带埋深改变了根际细菌。ACE与地下滴灌管深度呈显著正相关。这些结果表明，土壤通气可改善土壤滴灌番茄作物的氧胁迫，从而改变土壤细菌群落的多样性、组成和结构，有利于根系形态和根系活力。

（4）土壤通气对真菌多样性和组成具有显著性影响。随着土壤通气量增加，子囊菌门和毛孢菌科的丰度增加，而接合菌门和煤炱目丰度降低。此外，不同的滴灌带埋深改变了根际土壤真菌群落结构。

第六章
根区加气对甜瓜根系形态的影响

　　甜瓜根系对土壤气体极为敏感，根际低氧条件下甜瓜幼苗生长受到抑制，可溶性蛋白含量降低，幼苗体内谷氨酸合成酶、硝酸盐、氨基酸、热稳定蛋白、多胺及H_2O_2含量均升高[1]。对土壤加气能够有效改善根际氧环境，植株势必通过自身根系形态特性、空间构型、解剖结构和代谢活性的改变以达到对现有水肥资源的高效利用。已有研究表明，加气灌溉能够显著提高作物产量和品质[2,3]，且在黏重土壤及盐渍土条件下具有良好的应用效果[4,5,6]。如，加气地下滴灌的玉米灌浆更快，根系分布、茎粗、株高、叶面积、单株产量均比对照有显著提高[7]。对土壤加气能够提高土壤酶活性，促进植株的生

[1]GAO H，JIA Y，GUO S，et al. Exogenous calcium affects nitrogen metabolism in root-zone hypoxia-stressed muskmelon roots and enhances short-term hypoxia tolerance[J]. Journal of Plant Physiology，2011，168（11）：1217-1225.

[2]BHATTARAI S P，SU N，MIDMORE D J. Oxygation unlocks yield potentials of crops in oxygen-limited soil environments[J]. Advances in Agronomy，2005，88：313-377.

[3]PENDERGAST L，BHATTARAI S P，MIDMORE D J. Benefits of oxygation of subsurface drip-irrigation water for cotton in a vertosol[J]. Crop & Pasture Science，2013，64（11-12）：1171-1181.

[4]BHATTARAI S P，SALVAUDON C，MIDMORE D J. Oxygation of the rockwool substrate for hydroponics [J]. Aquaponics Jomnal，2008，49（1）：29-35.

[5]BHATTARAI S P，PENDERGAST L，MIDMORE D J. Root aeration improves yield and water use efficiency of tomato in heavy clay and saline soils[J]. Scientia Horticulturae，2006，108（3）：278-288.

[6]BHATTARAI S P，HUBER S，MIDMORE D J. Aerated subsurface irrigation water gives growth and yield benefits to zucchini，vegetable soybean and cotton in heavy clay soils[J]. Annals of Applied Biology，2004，144（3）：285-298.

[7]ABUARAB M，MOSTAFA E，IBRAHIM M. Effect of air injection under subsurface drip irrigation on yield and water use efficiency of corn in a sandy clay loam soil[J]. Journal of Advanced Research，2013，4（6）：493-499.

长，间接提高植株的干物质积累量[1]，显著提高黏土种植番茄、棉花、小麦、菠萝的产量和水分利用效率[2][3]，植株根系干重、长度及根系谷氨酰胺合成酶（GS）、谷丙转氨酶（GPT）得到提高[4]。土壤根区加气对温室甜瓜的产量和品质有明显的影响，并发现2d1次的加氧频率综合效益最好[5]，但对于地下加气如何影响对植株根系形态及活力的影响缺乏研究，无法阐明加气对甜瓜产量和品质影响的机理。本研究利用气泵借助地下滴灌带为作物根区加气，考虑地下滴灌带埋深、灌水上限及加气频率三个因素开展正交试验，分析三因素及其交互作用对甜瓜根系形态和活力的影响。旨在探明加气灌溉参数对甜瓜根系形态及活力的影响规律，阐释多因素下加气灌溉对植株根系的调控机理，确定适宜的加气灌溉参数，为田间生产提供指导。

在本章节中，我们通过大棚试验来研究在不同加气频率、灌水上限和滴灌带埋深等复合条件下的加气灌溉对甜瓜根系形态指标和根系活力的影响。测定了甜瓜根系的根长、根表面积、根体积、根尖数、分叉数和根系直径，并评估根系的重量和活力，以明确加气灌溉条件下根系的时空分布规律和动态变化特征。在试验过程中，我们设置不同的加气频率、灌水上限和滴灌带埋深等复合条件，并将甜瓜分为不同组别进行试验。在关键生育期，我们将采集甜瓜根系样品，并使用相关测量方法来测定根系形态指标和根系活力。通过比较不同组别之间的根系形态指标和根系活力，我们得出加气灌溉条件下根系时空分布规律和动态变化特征的结论。这将有助于我们更好地了解加气灌溉对甜瓜根系的影响机制，并为农业生产提供有效的根系管理策略。此外，本章节的结果还将为加气灌溉技术的应用提供重要的理论依据，有助于提高甜瓜的生产效益和品质。

---

[1]NIU W Q，JIA Z，ZHANG X，et al. Effects of soil rhizosphere aeration on the root growth and water absorption of tomato[J]. Clean – Soil，Air，Water，2012，40（12）：1364-1371.

[2]BHATTARAI S P，PENDERGAST L，MIDMORE D J. Root aeration improves yield and water use efficiency of tomato in heavy clay and saline soils[J]. Scientia Horticulturae，2006，108（3）：278-288.

[3]CHEN X M，DHUNGEL J，BHATTARAI S P，et al. Impact of oxygation on soil respiration，yield and water use efficiency of three crop species[J]. Journal of Plant Ecology，2011，4（4）：236-248.

[4]XU CM，WANG DY，CHEN S，et al. Effects of aeration on root physiology and nitrogen metabolism in rice[J]. Rice Science，2013，20（2）：148-153.

[5]谢恒星，蔡焕杰，张振华. 温室甜瓜加氧灌溉综合效益评价[J]. 农业机械学报，2010（11）：79-83.

试验地概况及试验方案见第三章 3.1 节，根系指标测定方法采用人工挖取后用根系扫描仪分析。以植株根系为中心挖一直径约 0.6 m 深约 0.5 m 的坑获取植株根系，小心抖落根际土壤并拣拾残落根系用小水流缓慢冲洗掉泥土，冲洗时将根系及土体放置在 100 目钢筛上，以尽量减少根系丢失。根系洗净后，用吸水纸吸干根系表面水分，称重后使用扫描仪（Epson Perfection V700 型）将甜瓜根系扫描成灰阶 TIF 图，扫描时为使根样的分枝不互相缠绕，将根样放入透明的托盘内，并注入深约 10 mm 的水。将获取的 TIF 图用 WinRHIZO Pro 图像处理系统分析，获取根长、体积、根表面积和根的平均直径等指标。根系活力采用氯化三苯基四氮唑法测定[①]。根系活力测定后，将根系放入烘箱中于 105 ℃杀青 15 min，75 ℃烘干至恒重并称量。

6.1 总根长、总表面积及总体积

滴灌埋深、加气频率及灌水上限三因素均对总根长、总表面积有显著性影响，但对总体积无显著性影响（表 6-1，表 6-2，表 6-3）。且总根长、总表面积和总体积均随滴灌带埋深的增加而升高。滴灌带埋深为 10 cm 时，总根长为 4461 cm（表 6-1）。根系长度随加气频率的升高而升高，由不加气的 3864 cm 升高至每天加气 1 次的 7076 cm，2 d 加气 1 次和 4 d 加气 1 次值分别为 5839 和 5207 cm（表 6-1）。过度灌溉下根系总长度有降低趋势（表 6-1），灌水上限为田间持水量的 70% 时根系总长为 5981 cm，灌水上限为田间持水量的 80% 和 90% 时，根系总长分别为 5364 和 5145 cm。试验中三因素两两交互作用对根系长度均有及显著影响（P<5%）（表 6-1）。图 6-1 中下划线的字母表示不同处理下 0~1 mm 直径根系长度的显著性，非下划线的字母表示不同处理下根系总长度的显著性。总根长的最小值（3323 cm）和最大值（9758 cm）分别为 D10ANI70 和 D40A1I70 处理组合。从图 6-1 可看出，增加滴灌带的埋深和每天加气一次能够显著提高根系的总长度，随滴灌带埋深的增加和加气频率的升高总根长度呈升高趋势。

表 6-2 为滴灌带埋深和加气频率对根系表面积的影响。滴灌带埋深为 10 cm 时，根系总表面积为 899 cm²，滴灌带埋深为 25 cm 和 40 cm 时，根系总表面积分别为 972 cm² 和 1117 cm²。根系表面积随加气频率的升高而升高，由不加气的 746 cm² 升高到每天

---

①张志良，翟伟菁. 植物生理学实验指导[M]. 北京：高等教育出版社，2003.

加气一次的 1217 cm²。高灌水量能够降低根系的总表面积。灌水上限为田间持水量的 70%时，根系总表面积为 1114 cm²。灌水上限为田间持水量的 80%和 90%时，根系总表面积分别为 947 和 927 cm²（表 6-2）。滴灌带埋深和加气频率对根系表面积（图 6-2）的影响规律与对根系长度的影响规律相似。根系总表面积的最小的两个值分别出现于 D10ANI70（724 cm²）和 D25ANI80（718 cm²）处理组合。

6.2 不同直径下的根长

直径为 0~1 mm 根系长度变化规律与总根长度变化规律相似，即加气处理根系长度均显著高于不加气处理，同等加气频率下随滴灌带埋深增加根系长度有增加趋势（表 6-1，图 6-1）。对直径为 1~2 mm 根系长度分析发现，加气处理下根系长度增加。而试验处理对直径 2~3 mm 根系长度无显著影响。对直径大于 3 mm 的根系分析发现，滴灌带埋深 40 cm 根系长度大于滴灌带埋深 10 和 25 cm。

表 6-1　滴灌带埋深、加气频率及灌水上限对根系总长度及不同直径下根系长度的影响

因素	根长（cm/株）				
	总根长	不同直径下的根长（D）mm			
		0<D ≤ 1	1<D ≤ 2	2<D ≤ 3	3<D
埋深（D）	**	**	ns	ns	ns
D10	4459 b	3429 b	766 a	155 a	109 a
D25	5435 b	4344 b	819 a	163 a	109 a
D40	6591 a	5367 a	913 a	196 a	115 a
加气频率（A）	**	**	*	ns	ns
A1	7075 a	5709 a	1029 a	211 a	126 a
A2	5837 b	4709 b	828 ab	192 a	108 a
A4	5207 c	4083 c	862 ab	151 a	110 a
AN	3862 d	3018 d	612 b	132 a	100 a
灌水上限（I）	*	ns	ns	ns	*
I70	5979 a	4720 a	942 a	189 a	128 a

续表

因素	根长（cm/株）				
	总根长	不同直径下的根长（D）mm			
		0<D ≤ 1	1<D ≤ 2	2<D ≤ 3	3<D
I80	5362 ab	4290 a	803 a	166 a	103 a
I90	5145 b	4129 a	754 a	159 a	102 a
I x D	**	**	ns	ns	ns
I x A	**	**	ns	ns	ns
D x A	**	*	ns	ns	ns

注：同列数据后不同字母表示差异显著性水平，小写字母为 $P<5\%$ 水平显著。* 和 ** 分别代表 $P<5\%$ 和 $P<1\%$ 水平上差异显著，ns 表示差异不显著（$P>5\%$）。灌水上限（I）分别为田间持水量的 70%、80% 和 90%；滴灌带埋深（D）分别为 10、25 和 40 cm；加气频率（A）分别为不加气、1d 加气 1 气、2 d 加气 1 次及 4 d 加气 1 次。

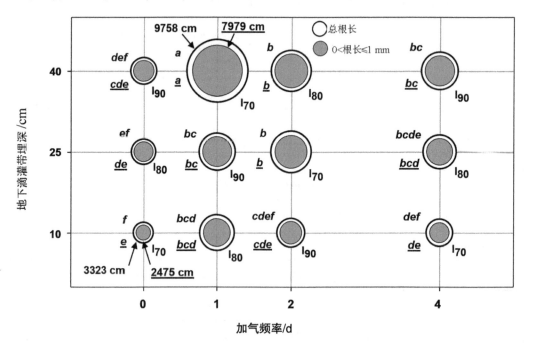

图 6-1　加气频率与滴灌带埋深对根系总长度

注：白色外圈为总根长，灰色的内圈为直径 1 mm 以下细根的长度，值用气泡的直径表示。灌水上限（I）分别为田间持水量的 70%、80% 和 90%；滴灌带埋深（D）分别为 10、25 和 40 cm；加气频率（A）分别为不加气、1 d、2 d 及 4 d 加气 1 次。小写字母表示差异显著性水平（下划线为 0< 根长≤1 mm 的细根的根长；非下划线为总根长），$P<5\%$ 水平显著。

单因素中，滴灌带埋深仅对 0~1 mm直径的根长和总根长有极显著影响，对直径大于 1 mm 的根系长度无显著性影响。加气频率对总根长和直径 0~1 mm范围内根长有极显著影响，对 1~2 mm直径范围内根长有显著影响，而对直径大于 2 mm 的根长无显著性影响。灌水上限仅对总根长和直径大于 3 mm根长有显著性影响。交互作用分析发现，滴灌带埋深、加气频率、灌水上限三因素两两交互均对根系总长度有极显著影响；灌水上限×滴灌带埋深、灌水上限×加气频率对直径 0~1 mm范围根系长度有极显著影响，滴灌带埋深×加气频率对 0~1 mm根系长度有显著性影响；三因素两两交互作用对直径大于 1 mm根系长度无显著性影响。

极差分析表明（表 6-1），三因素对根系总长度影响的大小依次为加气频率、滴灌带埋深和灌水上限。对土壤加气能增加根系长度，且随加气频率的提高呈增加趋势；在滴灌带埋深 10~40 cm范围内，随滴灌带埋深的增加不同直径范围内的根系长度均有所增加；灌水控制上限为田间持水量的 70%时，根系总长度最大，提高灌水上限，根系总长度有降低趋势。三因素对根系的影响均为对细根的影响高于粗根，提高根系总长度的最佳处理为D40A1I70。

6.3 不同直径下根系的表面积

加气处理对根系表面积的影响与对根系长度影响规律相似，同等埋深条件下加气处理根系总表面积高于不加气处理。0~1 mm 直径范围内D40A1I70 处理根系表面积显著高于其他处理，且加气处理根系表面积均显著高于未加气处理。试验处理对直径为 1~3 mm根系表面积均无显著性差异（P > 5%），D40A1I70 处理直径大于 3 mm的根系表面积最大。

单因素中，滴灌带埋深对根系总表面积有显著性影响，对 0~1 mm直径根系长度有极显著影响，加气频率对根系总表面积和直径 0~1 mm根系表面积均有极显著影响，灌水上限对根系表总面积和直径 0~1 mm根系表面积有显著影响，对直径大于 3 mm的根系有极显著影响（表 6-2）。交互作用分析发现，三因素两两交互对直径小于 1 mm的根系表面积均有极显著影响，但对直径大于 1 mm的根系表面积均无显著影响。仅滴灌带埋深×灌水上限对总根系表面积有极显著影响。

表6-2 滴灌带埋深、加气频率及灌水上限对根系总表面积及 不同直径下根系表面积的影响

因素	根系表面积（cm²/株）				
	总表面积	不同直径［（R）mm］下的根系表面积			
		0<R≤1	1<R≤2	2<R≤3	3<R
埋深（D）	*	**	ns	ns	ns
D10	899 b	274 b	301 a	116 a	207 a
D25	972 ab	289 b	356 a	120 a	205 a
D40	1117 a	414 a	347 a	137 a	217 a
加气频率（A）	**	**	ns	ns	*
A1	1217 a	465 a	360 a	145 a	246 a
A2	1023 ab	351 b	323 a	142 a	205 ab
A4	998 ab	294 c	381 a	110 a	211 ab
AN	746 b	192 d	275 a	100 a	177 b
灌水上限（I）	*	*	ns	ns	**
I70	1114 a	369 a	360 a	131 a	252 a
I80	947 b	317 ab	323 a	124 a	182 b
I90	927 b	291 b	320 a	118 a	195 ab
I x D	**	**	ns	ns	ns
I x A	ns	**	ns	ns	ns
D x A	ns	**	ns	ns	ns

注：同列数据后不同字母表示差异显著性水平，小写字母为 $P<5\%$ 水平显著。* 和 ** 分别代表 $P<5\%$ 和 $P<1\%$ 水平上差异显著，ns 表示差异不显著（$P>5\%$）。灌水上限（I）分别为田间持水量的70%、80%和90%；滴灌带埋深（D）分别为10、25和40 cm；加气频率（A）分别为不加气、1 d加气1次、2 d加气1次及4 d加气1次。

　　随加气频率的升高，不同直径范围内的根系表面积总体呈升高趋势，但直径1~2 mm范围内的根系2 d 1次加气处理根系表面积低于4 d 1次（图6-2）。随滴灌带埋深根系表面积呈升高趋势，但直径1~2 mm范围内根系埋深40 cm根系表面积略低于埋深25 cm。对灌水上限分析发现，提高灌水上限，根系表面积有降低趋势，但灌水至田间持水量的90%时直径大于3 mm的根系表面积略高于田间持水量80%处理。三因素对根系的影响均为对0~1 mm范围内的细根最为显著。

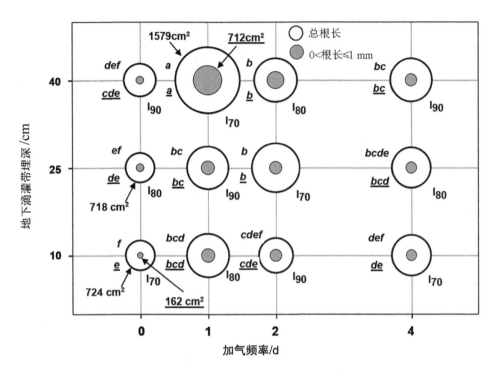

图 6-2 加气频率与滴灌带埋深对根系总表面积

注：白色外圈为总根长，灰色的内圈为直径 1 mm 以下细根的长度，值用气泡的直径表示。灌水上限（I）分别为田间持水量的 70%、80% 和 90%；滴灌带埋深（D）分别为 10、25 和 40 cm；加气频率（A）分别为不加气、1 d 加气 1 次、2 d 加气 1 次及 4 d 加气 1 次。小写字母表示差异显著性水平（下划线为 0< 直径≤1 mm 根表面积；非下划线为总根表面积），$P<5\%$ 水平显著。

6.4 不同直径下根系的体积

从表 6-3 可看出，D40A1I70 处理下根系总体积最大。同等埋深下，加气处理根系总体积均高于不加气处理。加气处理能够提高直径 0~1 mm 的根系体积，而对直径 1~3 mm 根系体积无显著影响。D40A1I70 处理下直径大于 3 mm 根系体积最大。仅灌水上限对总根体积和直径大于 3 mm 的根体积有显著影响，其他两因素及交互作用均未对根系体积造成显著影响。

极差分析表明提高根系总体积的最佳处理为 D40A1I70（表 6-3），三因素对根系总体积影响的大小依次为加气频率、灌水上限和滴灌带埋深。滴灌带埋深 40 cm 时根系总体积高于埋深 10 cm 和 25 cm。随加气频率升高根系总体积有升高趋势。灌水至田间持水量的 70% 时根系总体积最大。

表6-3　滴灌带埋深、加气频率及灌水上限对根系总体积及不同直径下根系体积的影响

因素	根体积（cm³/株）				
	总体积	不同直径［（R）mm］下的根体积			
		0<R≤1	1<R≤2	2<R≤3	3<R
埋深（D）	ns	ns	ns	ns	ns
D10	24.7 a	1.5 a	4.3 a	2.8 a	16.0 a
D25	24.7 a	1.7 a	5.1 a	2.9 a	15.0 a
D40	27.8 a	1.8 a	5.2 a	3.6 a	17.2 a
加气（A）	ns	ns	ns	ns	ns
A1	31.0 a	1.8 a	5.2 a	3.9 a	20.2 a
A2	26.1 a	1.9 a	4.9 a	3.4 a	15.9 a
A4	25.7 a	1.6 a	5.6 a	2.6 a	15.9 a
AN	20.1 a	1.4 a	3.8 a	2.5 a	12.4 a
灌水（I）	ns	ns	ns	ns	*
I70	30.8 a	1.5 a	5.2 a	3.4 a	20.6 a
I80	22.7 a	1.8 a	4.9 a	3.0 a	13.0 a
I90	23.6 a	1.7 a	4.5 a	2.9 a	14.6 a
I x D	ns	ns	ns	ns	ns
I x A	ns	ns	ns	ns	ns
D x A	ns	ns	ns	ns	ns

注：同列数据后不同字母表示差异显著性水平，小写字母为 $P<5\%$ 水平显著。* 和 ** 分别代表 $P<5\%$ 和 $P<1\%$ 水平上差异显著，ns 表示差异不显著（$P>5\%$）。灌水上限（I）分别为田间持水量的 70%、80% 和 90%；滴灌带埋深（D）分别为 10、25 和 40 cm；加气频率（A）分别为不加气、1 d 加气 1 次、2 d 加气 1 次及 4 d 加气 1 次。

6.5 不同直径下各根系形态指标所占的比例

不同处理下，直径为 0~1 mm 根系总长度占总根长的 74.5%~82.7%（图 6-3a），其中每天 1 次和 2 d1 次加气处理直径 0~1 mm 根长高于 4 d1 次和不加气处理。直径为 1~2 mm 根系总长度占总根系的 12.9%~19.7%，每天 1 次和 2 d 1 次加气处理低于 4 d 1 次和不加气处理。不加气处理直径大于 3 mm 根系长度占总根长的比例高于加气处理。

直径为 0~1 mm 根系表面积占总表面积的 22.4%~45.1%（图 6-3b），加气处理提高

了直径为 0~1 mm 根系表面积，且滴灌带埋深为 40 cm 时，0~1 mm 根系表面积所占比例最大。直径为 1~2 mm 根系表面积占总表面积的 25.2%~40.0%，每天 1 次和 2 d1 次加气处理低于 4 d 1 次和不加气处理。

不同滴灌带埋深下加气对根系体积影响规律与根长和根表面积不同，当滴灌带埋深 10 cm 时，加气可提高直径 0~1 mm 和 2~3 mm 的根系体积所占比例，而降低了直径为 1~2 mm 的根系体积所占比例（图 6-3c）。

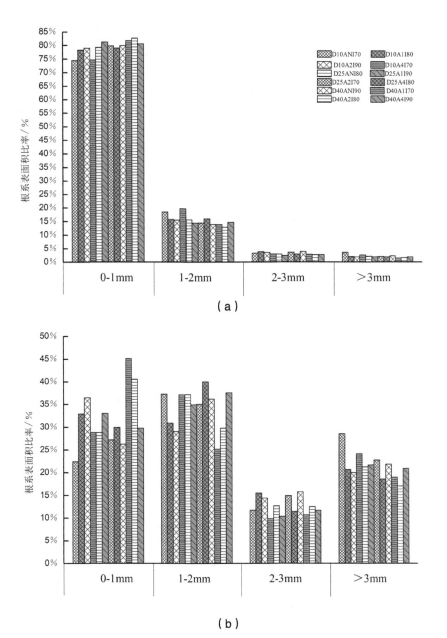

（a）

（b）

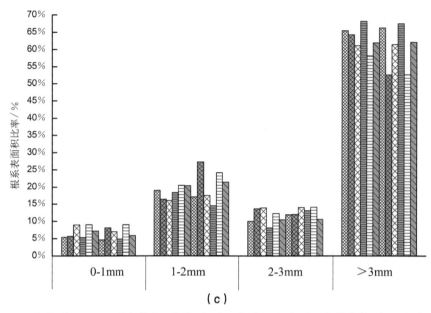

（c）

图 6-3　加气灌溉下不同直径的根系根长（a）、根表面积（b）及根体积（c）所占的比例

6.6 根系活力

甜瓜全生育期内根系活力呈先升高再降低的趋势（表 6-4）。D25A1I90 处理甜瓜在伸蔓期、花期和果实膨大期内根系活力均达最大值，同一生育阶段内，根系活力随加气频率升高而升高。滴灌带埋深和加气频率对三个生育阶段甜瓜根系活力有极显著影响，灌水上限仅对伸蔓期和果实膨大期甜瓜根系活力有显著影响，对花期根系活力无显著影响。三因素两两交互作用对不同生育阶段甜瓜根系活力均有极显著影响。

极差分析结果（图 6-4）表明，对根系活力大小的影响顺序依次为：滴灌带埋深、加气频率和灌水上限，提高根系活力的最佳处理为 D25A1I80。滴灌带埋深 25 cm 时，根系活力最高，埋深 10 cm 次之，埋深 40 cm 最低。根系活力随加气频率的升高而升高，每天加气 1 次根系活力最高。

表 6-4　根区加气技术对甜瓜根系活力（mg·g^{-1}·h^{-1}）的影响

处理	不同生育期根系活力		
	伸蔓期	花期	果实膨大期
D10ANI70	0.423 ± 0.009cdCD	1.423 ± 0.020efE	0.465 ± 0.131eD
D10A1I80	0.871 ± 0.014aA	3.816 ± 0.335bB	1.345 ± 0.187bB
D10A2I90	0.706 ± 0.080bB	2.825 ± 0.067cC	0.813 ± 0.011cdC

续表

处理	不同生育期根系活力		
	伸蔓期	花期	果实膨大期
D10A4I70	0.427 ± 0.033cdCD	1.700 ± 0.080deE	0.642 ± 0.035deCD
D25ANI80	0.366 ± 0.052dD	2.746 ± 0.652cC	0.835 ± 0.042cdC
D25A1I90	0.841 ± 0.036aA	4.686 ± 0.457aA	2.145 ± 0.248aA
D25A2I70	0.674 ± 0.028bB	3.908 ± 0.296bB	1.396 ± 0.089bB
D25A4I80	0.391 ± 0.044dCD	3.728 ± 0.322bB	1.354 ± 0.043bB
D40ANI90	0.239 ± 0.050eE	1.051 ± 0.435eF	0.676 ± 0.072deCD
D40A1I70	0.503 ± 0.008cC	2.295 ± 0.119cdCD	1.392 ± 0.174bB
D40A2I80	0.397 ± 0.078dCD	1.775 ± 0.102deDE	0.945 ± 0.082cC
D40A4I90	0.241 ± 0.086eE	1.744 ± 0.094deDE	0.686 ± 0.056dCD
F-value			
埋深 D	114.576**	71.372**	90.489**
加气频率 A	131.110**	56.263**	106.732**
灌水上限 I	4.804*	2.853ns	4.751*
D×A	3.675**	4.215**	3.872**
D×I	111.446**	22.369**	37.509**
A×I	34.898**	43.607**	32.451**

　　注：表中 0.423±0.009 表示平均值 ± 标准差，同列数据后不同字母表示差异显著性水平，小写字母为 P<5%，大写字母为 P<1%。* 和 ** 分别代表 P<5% 和 P<1% 水平上差异显著，ns 表示差异不显著（P>5%）。

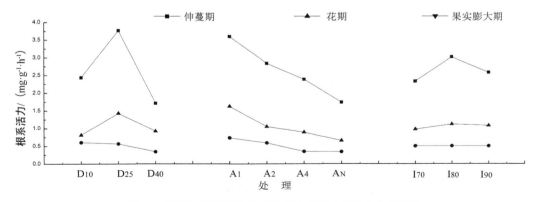

图 6-4 不同加气灌溉处理对根系活力影响的极差分析结果

6.7 讨论

6.7.1 根区加气对甜瓜根系形态的影响

植株根际土壤水分、养分、盐度、氧气含量、温度和机械阻抗是影响作物产量的主要因素[①]。土壤气体对植株的作用与土壤养分同等重要，氧胁迫可能导致蒸腾减少，养分吸收受到限制，抑制植株生长[②]。而甜瓜根系对土壤中的氧尤为敏感[③]，土壤加气加快了土壤中气体的交换过程，提高土壤中氧含量，土壤中高 O_2 浓度保障了根系生理活动的顺利进行。

本试验研究表明加气频率、滴灌带埋深和灌水上限对根系总长度和根系表面积有极显著影响，且存在不同程度的交互作用，而对根系平均直径、根系总体积的影响较小，该结论与前人研究发现根区加气能够提高根长、根体积及低氧胁迫下根冠比减小、根系干重、长度、表面积、体积减小等结论相一致[④⑤]。本试验进一步发现，加气对直径小于 1 mm 的细根长度影响最为显著，其次灌水上限对直径大于 3 mm 的粗根有显著影响，而试验处理对 1~3 mm 根系影响较小。加气处理能够显著提高直径小于 1 mm 的细根生长，进而提高了细根的表面积和根体积，与梁（Liang）等人研究发现加气促进玉米次生根生长的结论相一致[⑥]。但当每天 1 次加气时，甜瓜根尖数和分叉数比加气频率较小的处理小，可能是加气频率过高时，加大了土壤中气体的流动，增大了气蚀等因素，影响到根系分叉。

另外，分析发现当滴灌带埋深 40 cm 时，大棚甜瓜的根系形态指标优于埋深 10 cm 和 25 cm，可能是由于甜瓜根系主要集中于 40 cm 以内，在地下 40 cm 处供气可诱导根

---

①BOYER J S. Plant productivity and environment [J]. Science，1982，218：443–448.

②MORARD P，SILVESTRE J. Plant injury due to oxygen deficiency in the root environment of soilless culture：A review[J]. Plant and Soil，1996，184（2）：243–254.

③GAO H，JIA Y，GUO S，et al. Exogenous calcium affects nitrogen metabolism in root–zone hypoxia–stressed muskmelon roots and enhances short–term hypoxia tolerance[J]. Journal of Plant Physiology，2011，168（11）：1217–1225.

④PENDERGAST L，BHATTARAI S P，MIDMORE D J. Evaluation of aerated subsurface drip irrigation on yield，dry weight partitioning and water use efficiency of a broad–acre chickpea（*Cicer arietinum* L.）in a vertosol[J]. Agricultural Water Management，2019，217：38–46.

⑤PENDERGAST L，BHATTARAI S P，MIDMORE D J. Benefits of oxygation of subsurface drip–irrigation water for cotton in a vertosol[J]. Crop & Pasture Science，2013，64（11–12）：1171–1181.

⑥LIANG J，ZHANG J，WONG M H. Effects of air–filled soil porosity and aeration on the initiation and growth of secondary roots of maize [J]. Plant and Soil，1996，186（2）：245–254.

系继续向更深土层生长。该结论与帕特尔（Patel）等[1]研究得到地下滴灌带埋深为 10 cm马铃薯可获得更高收益率不一致，Patel指出不同作物、不同土壤类型最适宜的埋深可能不同，本研究中对土壤加气可能也是导致结论不同的主要因素之一。

6.7.2 根区加气对甜瓜根系活力的影响

对土壤加气能够增强根系活力，本试验中提高根活力的最佳埋深为 25 cm，该结果也与前人研究得到的加气提高作物根系活力的结论[2]相一致。其机理可能是植株在供氧充足的情况下会分泌一些强氧化性氧化物到周围环境中，把根际一些还原性物质氧化为氧化态；而在厌氧环境中根系泌氧减少，反硝化、铁硫还原现象增强，导致根系发育不良甚至腐烂，降低根系活力[3]。

6.7.3 根区加气对根系特征与植株干重相关关系的影响

前人研究表明加气灌溉能够促进根系生长增强养分吸收，进而影响到植株地上部分的生长，增加干物质积累，提高作物产量和品质[4][5]。采用Pearson相关性分析发现（表6-5），根系总长度和根系表面积及总干重有极显著正相关关系，与根系总体积有显著正相关关系。说明土壤加气促进根系长度增加的同时，增加了根系的表面积和体积，根系生长状况的改善间接影响到整个植株的干物质积累，与前人研究结论相互一致[6][7]；本研究还发现根系平均直径和根系总表面积、根体积呈显著正相关。说明根区加

[1]PATEL N，RAJPUT T B S. Effect of drip tape placement depth and irrigation level on yield of potato[J]. Agricultural Water Management，2007，88（1–3）：209–223.

[2]BHATTARAI S P，HUBER S，MIDMORE D J. Aerated subsurface irrigation water gives growth and yield benefits to zucchini，vegetable soybean and cotton in heavy clay soils[J]. Annals of Applied Biology，2004，144（3）：285–298.

[3]LIESACK W，SCHNELL S，REVSBECH N P. Microbiology of flooded rice paddies[J]. FEMS Microbiology Reviews，2000，24（5）：625–645.

[4]PENDERGAST L，BHATTARAI S P，MIDMORE D J. Benefits of oxygation of subsurface drip-irrigation water for cotton in a vertosol[J]. Crop & Pasture Science，2013，64（11–12）：1171–1181.

[5]NIU W Q，FAN W T，PERSAUD N，et al. Effect of post-irrigation aeration on growth and quality of greenhouse cucumber[J]. Pedosphere，2013，23（6）：790–798.

[6]PENDERGAST L，BHATTARAI S P，MIDMORE D J. Benefits of oxygation of subsurface drip-irrigation water for cotton in a vertosol[J]. Crop & Pasture Science，2013，64（11–12）：1171–1181.

[7]PANIGRAHI P，SHARMA R K，HASAN M，et al. Deficit irrigation scheduling and yield prediction of 'Kinnow' mandarin（Citrus reticulate Blanco）in a semiarid region[J]. Agricultural Water Management，2014，140：48–60.

气处理能够增加根系的平均直径进而提高根系的总表面积和总体积；根系总体积和分叉数有极显著正相关关系，说明加气处理促进根系体积增加的同时促进了根系的分叉，但根系总体积和根尖数呈显著负相关关系，说明对土壤加气在一定程度上抑制了根尖的生长，这可能是由于土壤中气流频率和强度过大，对细小的根尖造成一定程度气蚀所导致的。

表 6-5　根系形态指标与植株干重的相关关系

测定指标	总根长	总表面积	总体积	平均直径	根系活力	分叉数	总干重
总根长	1	—	—	—	—	—	—
总表面积	0.786**	1	—	—	—	—	—
根系总体积	0.416*	0.801**	1	—	—	—	—
平均直径	0.239	0.417*	0.373*	1	—	—	—
根系活力	0.267	0.209	0.113	−0.006	—	—	—
分叉数	0.238	0.323	0.488**	−0.253	−0.114	1	—
总干重	0.572**	0.490**	0.248	0.151	0.283	−0.061	1

注：* 和 ** 分别表示在 5% 和 1% 水平上显著相关。

6.8 小结

1. 加气灌溉对根系形态及活力均有显著影响，三因素对根系形态和活力的影响大小顺序依次为加气频率、滴灌带埋深和灌水上限，最优处理组合为D40A1I70。

2. 土壤加气能提高根系总根长、表面积、平均直径、总体积、根尖数和分叉数，但过高的加气频率却抑制根系的分叉，降低总根尖数量。加气主要影响直径小于 1 mm 的细根；灌水上限对直径大于 3 mm 的粗根根长和根系表面积有显著影响，本试验处理对直径 1~3 mm 之间的根系影响较小；滴灌带埋深为 40 cm 时，根系形态特征最优，而滴灌带埋深为 25 cm 时根系活力最高。

3. 根系总长、总表面积和植株干物质积累有极显著相关关系，加气能够促进根系生长，提高地上部分干物质的积累。

第七章
根区加气对大棚甜瓜及番茄光合作用的影响

光合作用是作物生长发育和产量形成的基础，高光合速率通常是作物产量提高的重要因素[1]。光合作用受遗传、叶龄、叶角、叶形等内在因素，以及光照、温度、大气 CO_2 浓度、湿度、根区土壤微环境等外在环境的共同影响[2][3][4]。土壤中 O_2 浓度也是影响光合作用的重要因子[5]。土壤微生物呼吸过剩、地下水位过高、土壤质地过于紧实等因素均会导致土壤中 O_2 含量降低，对植株根系造成低氧胁迫。根区低氧胁迫导致根细胞能量供应受到限制，根系活力降低，根系对水分和养分的吸收减少，地上营养物质运输不足，限制了植株的生长[6]。低氧条件下细胞启动无氧呼吸，将消耗更多的干物质[7]。当根区氧浓度过低时，根细胞线粒体、蛋白质结构受到破坏，细胞能荷降低，细胞质

①MURCHIE E H，PINTO M，HORTON P. Agriculture and the new challenges for photosynthesis research[J]. Tansley Review，2009，181（3）：532-552.

②李天来，颜阿丹，罗新兰，等.日光温室番茄单叶净光合速率模型的温度修正[J].农业工程学报，2010（09）：274-279.

③LONG S P，ZHU X，NAIDU S L，et al. Can improvement in photosynthesis increase crop yields?[J]. Plant，Cell and Environment，2006，29（3）：315-330.

④童平，杨世民，马均，等.不同水稻品种在不同光照条件下的光合特性及干物质积累[J].应用生态学报，2008（03）：505-511.

⑤赵旭，李天来，孙周平，等.长期根际低氧对雾培番茄植株叶片光合作用及果实产量和品质的影响[J].西北农业学报，2012（10）：113-116.

⑥FUKAO T，BAILEY-SERRES J. Plant responses to hypoxia- is survival a balancing act?[J]. Trends in Plant Science，2004，9（9）：449-456.

⑦GORAI M，ENNAJEH M，KHEMIRA H，et al. Combined effect of NaCl-salinity and hypoxia on growth，photosynthesis，water relations and solute accumulation in *Phragmites australis* plants[J]. Flora - Morphology，Distribution，Functional Ecology of Plants，2010，205（7）：462-470.

酸中毒，甚至引起植株死亡[1]。研究表明根际CO_2浓度达 2500 μL·L^{-1} 以上或根际氧浓度降至 10% 以下时，植株根系的生长受到抑制，乳酸脱氢酶（LDH）、乙醇脱氢酶（ADH）和丙酮酸脱羧酶（PDC）活性较对照显著升高，根系有氧呼吸受到明显抑制，果实发育受到影响[2][3][4]。

土壤中O_2浓度与土壤水分状况密切相关。在农业生产中，传统灌溉方式为作物提供水分的同时，在一定程度上排挤土壤空气，高土壤水分含量下土壤中O_2、CO_2在大气与土壤间的交换受到阻碍，易造成土壤中氧含量的降低[5][6]。加气灌溉能够有效改善根区氧环境，增加细根长度，提高根系活力，改善植株生理功能，间接提高水分利用效率，植株长势更好、作物产量更高[7][8]。前人研究发现，根区加气对棉花、大豆、西葫芦、南瓜、黄瓜、番茄、稻米、甜瓜等作物产量及品质提升均有一定作用，且在黏重土壤及盐渍土条件下具有良好的应用效果[9][10]。

然而，以往的研究主要关注于加气灌溉对作物水分利用效率、产量及品质的提

①MC D. Oxygen deficiency and root metabolism：injury and acclimation under hypoxia and anoxia[J]. Annual Review of Plant Physiology and Plant Molecular Biology，1997，48：223-250.

②李天来，陈红波，孙周平，等.根际通气对基质气体、肥力及黄瓜伤流液的影响[J].农业工程学报，2009（11）：301-305.

③刘义玲，李天来，孙周平，等.根际CO_2浓度对网纹甜瓜生长和根系氮代谢的影响[J].中国农业科学，2010（11）：2315-2324.

④刘义玲，李天来，孙周平，等.根际低氧胁迫对网纹甜瓜生长、根呼吸代谢及抗氧化酶活性的影响[J].应用生态学报，2010（06）：1439-1445.

⑤KUZYAKOV Y，CHENG W. Photosynthesis controls of rhizosphere respiration and organic matter decomposition[J]. Soil Biology & Biochemistry，2001，33（14）：1915-1925.

⑥BHATTARAI S P，PENDERGAST L，MIDMORE D J. Root aeration improves yield and water use efficiency of tomato in heavy clay and saline soils[J]. Scientia Horticulturae，2006，108（3）：278-288.

⑦NIU W Q，JIA Z，ZHANG X，et al. Effects of soil rhizosphere aeration on the root growth and water absorption of tomato[J]. Clean－Soil，Air，Water，2012，40（12）：1364-1371.

⑧LI Y，NIU W，DYCK M，et al. Yields and nutritional of greenhouse tomato in response to different soil aeration volume at two depths of subsurface drip irrigation[J]. Scientific Reports，2016（6）：39307.

⑨BHATTARAI S P，MIDMORE D J，PENDERGAST L. Yield，water-use efficiencies and root distribution of soybean，chickpea and pumpkin under different subsurface drip irrigation depths and oxygation treatments in vertisols[J]. Irrigation Science，2008（26）：439-450.

⑩BHATTARAI S P，HUBER S，MIDMORE D J. Aerated subsurface irrigation water gives growth and yield benefits to zucchini，vegetable soybean and cotton in heavy clay soils[J]. Annals of Applied Biology，2004，144（3）：285-298.

升[1][2][3][4]，对植株光合作用的研究较少，目前加气灌溉提高植株干物质及产量的机理尚不完全明确，且目前考虑多因素的加气灌溉研究相对较少。前人研究表明低氧胁迫下多种植物激素如脱落酸（ABA）、乙醇、乙醇脱氢酶等含量升高[5][6]，植株体内的乙醇积累量达到一定程度时将对作物产生毒害作用，甚至破坏整个细胞内环境，ABA作为一种重要的植物信号传导激素能够促使叶片气孔闭合，降低净光合速率[7][8]，基于前人研究，我们推测提高叶片光合速率可能是加气灌溉增产和改善品质的主要途径之一。因此，本研究通过设置不同的加气频率、加气量、灌水上限、地下滴灌带埋深，研究多因素及其交互作用对黏壤土种植下大棚甜瓜光合特性、叶绿素含量及干物质积累的影响。本研究首次将叶片光合速率及光合色素含量与不同加气灌溉参数联系起来，旨在阐明黏壤土条件下甜瓜光合作用对土壤加气的响应规律，探讨加气灌溉条件下甜瓜、番茄干物质的变化规律，以期得出适宜的水、气、埋深组合，为加气灌溉下作物增产及改善品质提供相关理论依据和实践指导。

本章，我们采用田间试验与盆栽试验相结合的方式，研究在不同加气频率、灌水上限和滴灌带埋深等复合条件下的加气灌溉对作物生长关键期的叶面积指数和光合作用的影响规律。测定了叶面积指数和冠层结构特征指标，以明确加气灌溉对作物叶面

①BHATTARAI S P，PENDERGAST L，MIDMORE D J. Root aeration improves yield and water use efficiency of tomato in heavy clay and saline soils[J]. Scientia Horticulturae，2006，108（3）：278-288.

②BHATTARAI S P，SU N，MIDMORE D J. Oxygation unlocks yield potentials of crops in oxygen - limited soil enviro nments[J]. Advances in Agronomy，2005，88：313-377.

③BHATTARAI S P，HUBER S，MIDMORE D J. Aerated subsurface irrigation water gives growth and yield benefits to zucchini，vegetable soybean and cotton in heavy clay soils[J]. Annals of Applied Biology，2004，144（3）：285-298.

④BAGATUR T. Evaluation of plant growth with aerated irrigation water using venturi pipe part[J]. Arabian Journal for Science and Engineering，2014，39（4）：2525-2533.

⑤KATO-NOGUCHI H. Induction of alcohol dehydrogenase by plant hormones in alfalfa seedlings[J]. Plant Growth Regulation，2000，30（1）：1-3.

⑥SAHER S，FERNÁNDEZ-GARCÍA N，PIQUERAS A，et al. Reducing properties，energy efficiency and carbohydrate metabolism in hyperhydric and normal carnation shoots cultured in vitro：a hypoxia stress?[J]. Plant Physiology and Biochemistry，2005，43（6）：573-582.

⑦CHATER C，PENG K，MOVAHEDI M，et al. Elevated CO_2-induced responses in stomata require ABA and ABA signaling[J]. Current Biology，2015，25（20）：2709-2716.

⑧COMSTOCK J P. Hydraulic and chemical signalling in the control of stomatal conductance and transpiration[J]. Journal of Experrimental Botany，2002，53（367）：195-200.

积指数及光合作用的影响。在试验过程中，设置不同的加气频率、灌水上限和滴灌带埋深等复合条件，将作物分为不同组别进行试验。在关键生育期，测定了作物的叶面积指数，并使用光合测定仪测定光合速率、蒸腾速率和气孔导度等光合作用相关参数。此外，还测定了作物叶绿素含量和关键生育期的干物质积累量，以阐明加气灌溉对植株干物质积累的影响机理。使用叶绿素测定仪测定叶绿素含量，并对植株进行采样，测定干物质积累量。通过比较不同组别之间的叶面积指数、光合作用参数、叶绿素含量和干物质积累量，得出了加气灌溉条件下作物叶面积指数、光合作用和干物质积累的影响规律。这将有助于了解加气灌溉对作物生长和光合作用的调控机制，并为农业生产提供有效的作物管理策略。此外，本章节的研究结果还将为加气灌溉技术的应用提供重要的理论依据，有助于提高作物的生产效益和品质。

试验地概况及试验方案见第三章3.1节，于晴朗天气9：00-11：00随机选取充分受光、叶位一致的连体健康叶片，使用LI-COR公司LI-6400光合测定系统测定叶片净光合速率（Pn）、气孔导度（Gs）、胞间CO_2浓度（Ci）、蒸腾速率（Tr）等气体交换参数，并计算气孔限制值Ls=1 – Ci/Ca（Ca为大气CO_2浓度）和瞬时水分利用效率iWUE=Pn/Tr[1]。测定时采用开放气路，CO_2气体采自相对稳定的2~3 m的空中，光强设600 μmol · m^{-2} · s^{-1}，流速设500 μmol · s^{-1}。每小区选3株，每株选3个叶片，每叶测定3次。

大棚甜瓜试验于定植后25 d、55 d，于晴朗天气9：00-11：00随机选取充分受光、叶位一致的连体健康叶片测定叶片净光合速率（Pn）、气孔导度（Gs）、胞间CO_2浓度（Ci）、蒸腾速率（Tr）、孔限制值和瞬时水分利用效率。每小区选3株，每株选3个叶片，每叶测定3次。分别在定植后25 d、55 d、70 d测定甜瓜叶片叶绿素a、叶绿素b、类胡萝卜素含量，叶绿素a、叶绿素b和类胡萝卜素含量的测定方法为95%乙醇浸提液提取色素，用分光光度计比色法分别于665 nm、649 nm、470 nm处测定吸光值，计算其含量及总叶绿素含量[2]，材料取自与光合作用测定相同叶位的叶片，每小区选3株进行测量。叶面积指数测定采用AccuPARLP-80冠层分析仪测定，通过辐射透

---

①张利东，高丽红，张柳霞，等. 交替隔沟灌溉与施氮量对日光温室黄瓜光合作用、生长及产量的影响. 应用生态学报[J]，2011，22（9）：2348-2354.

②刘家尧，刘新. 植物生理学实验教程[M]. 北京：高等教育出版社，2010：41-43.

过率的测量直接读出叶面积指数。定植后 25 d、40 d、55 d 测定叶面积指数。

大棚番茄试验于定植后 48 d（开花坐果期）、102 d（果实膨大期）于晴朗天气 9：00—11：00 随机选取充分受光、叶位一致的连体健康叶片测定叶片净光合速率（Pn）、气孔导度（Gs）、胞间 CO_2 浓度（Ci）、蒸腾速率（Tr）、孔限制值和瞬时水分利用效率。每小区选 3 株，每株选 3 个叶片，每叶测定 3 次。定植后 50 d（开花坐果期）和 95 d（果实膨大期）测定甜瓜叶片叶绿素 a、叶绿素 b、类胡萝卜素含量。成熟期每个小区随机选取 3 株番茄测定植株根、茎、叶各部分干物质积累。成熟期每个小区随机选取 9 株番茄，测定番茄产量。

7.1 根区加气对大棚甜瓜光合特性的影响

7.1.1 根区加气对甜瓜光合指标的影响

7.1.1.1 对净光合速率的影响

测定不同加气灌水处理对 Pn、iWUE 的影响见表 7-1。加气频率对 Pn 有极显著影响，滴灌带埋深仅对果实膨大期 Pn 有显著性影响，灌水上限对 Pn 无显著性影响，滴灌带埋深和灌水上限交互作用对 Pn 有极显著影响。伸蔓期 D10A1I80 处理下 Pn 达到最大值，果实膨大期 D25A1I90 处理下 Pn 最大。极差分析发现，对 Pn 影响最大的因素依次为加气频率>滴灌带埋深>灌水控制上限。随加气频率的增加 Pn 有升高趋势（图 7-1）。生育阶段不同滴灌带埋深对 Pn 的影响不同，Pn 在伸蔓期随埋深增加而降低，果实膨大期随埋深增大而升高。

表 7-1　加气灌溉对甜瓜光合特性的影响

处理	净光合速率 Pn/（μmol·m^{-2}·s^{-1}）		瞬时水分利用效率 iWUE	
	伸蔓期	果实膨大期	伸蔓期	果实膨大期
D10ANI70	21.53 ± 4.73bcBC	16.72 ± 5.68deCD	1.09 ± 0.38bcBC	2.32 ± 0.73cBC
D10A1I80	25.38 ± 2.31aA	21.87 ± 8.84abABC	1.09 ± 0.17bcBC	1.64 ± 0.63cC
D10A2I90	22.54 ± 4.52bABC	18.74 ± 6.94bcdeBCD	1.21 ± 0.38bABC	1.75 ± 0.78cC
D10A4I70	22.29 ± 3.88bcABC	17.82 ± 5.23bcdeCD	1.05 ± 0.15bcBC	2.66 ± 1.04bcABC
D25ANI80	19.98 ± 5.25cBC	17.09 ± 4.20cdeCD	1.03 ± 0.40bcBC	3.83 ± 2.40aA

续表

处理	净光合速率 Pn/（μmol·m^{-2}·s^{-1}）		瞬时水分利用效率 iWUE	
	伸蔓期	果实膨大期	伸蔓期	果实膨大期
D25A1I90	23.66±3.06abAB	25.54±3.19aA	1.11±0.33bcBC	2.09±0.41cBC
D25A2I70	21.56±3.71bcBC	17.71±9.49bcdeCD	1.00±0.15cBC	3.33±2.94abAB
D25A4I80	21.20±2.94bcBC	15.10±5.63eD	0.97±0.16cBC	2.23±1.25cBC
D40ANI90	23.39±1.87abAB	18.39±4.98bcdeCD	0.96±0.17cC	2.15±1.17cBC
D40A1I70	21.47±4.86bcBC	24.26±2.24aAB	1.44±0.43aA	1.99±0.22cC
D40A2I80	21.21±3.77bcBC	21.49±3.14abcABC	1.01±0.23cBC	2.26±0.37cBC
D40A4I90	21.81±3.47bcBC	19.76±4.75bcdBCD	1.23±0.47bAB	1.92±0.46cC
F-value				
埋深 D	2.969ns	3.155*	4.577*	8.611**
加气频率 A	9.490**	14.095**	4.894**	4.076**
灌水上限 I	0.041ns	1.109ns	4.562*	4.390*
D×A	0.364ns	1.261ns	4.848**	3.066**
D×I	7.014**	11.649**	6.918**	1.994ns
A×I	1.317ns	1.719ns	4.893**	4.473**

注：表中 23.66±3.06 为实测平均值 ± 标准差；同列数据后不同字母表示差异显著性水平，小写字母为 $P<5\%$，大写字母为 $P<1\%$。* 和 ** 分别代表 $P<5\%$ 和 $P<1\%$ 水平上差异显著，ns 表示差异不显著（$P>5\%$）。

7.1.1.2 对瞬时水分利用效率的影响

试验处理增加了叶片Pn，同时加大了蒸腾速率（Tr）。因此，iWUE与Pn变化规律并非完全相同（图7-1）。滴灌带埋深、加气频率和灌水上限均对iWUE有显著影响。交互作用分析发现，除滴灌带埋深和灌水上限对果实膨大期iWUE无显著影响外，两两交互作用均对iWUE有极显著影响。伸蔓期水分利用效率最高的处理为D40A1I70，果实膨大期水分利用效率最高的处理为D25ANI80。

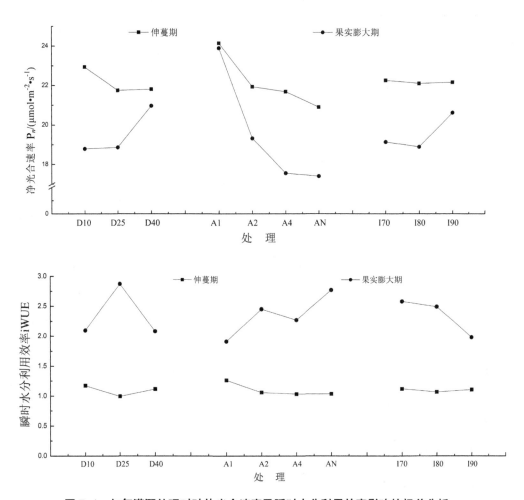

图 7-1　加气灌溉处理对叶片光合速率及瞬时水分利用效率影响的极差分析

极差分析发现，三因素对iWUE的影响顺序与Pn相同，果实膨大期加气灌溉对iWUE的影响大于伸蔓期，iWUE随伸蔓期加气频率的升高而增大，但果实膨大期iWUE随加气频率的增大而降低（图 7-1）。当滴灌带埋深分别为 10、40 cm时，iWUE的值表现出高度的相似性，当滴灌带埋深为 25 cm时，伸蔓期iWUE降低而果实膨大期iWUE升高；果实膨大期随灌水上限的提高iWUE呈降低趋势。

7.1.1.3 对气孔导度和胞间 CO_2 浓度的影响

不同加气灌水处理对甜瓜气孔导度（Gs）、胞间CO_2浓度（Ci）的影响见表 7-2。Gs最大值的处理为D10A1I80，且有随加气频率升高而升高的趋势。伸蔓期Ci最大处理为D10A1I80，果实膨大期Ci最大值的处理为D10A2I90，Ci随加气频率的升高而升高。

表 7-2　加气灌溉对甜瓜气孔导度、胞间 CO_2 浓度的影响

处理	气孔导度 Gs/（mmol·m⁻²·s⁻¹）		胞间 CO_2 浓度 Ci/（μmol·mol⁻¹）	
	伸蔓期	果实膨大期	伸蔓期	果实膨大期
D10ANI70	0.33 ± 0.05dE	0.23 ± 0.15defDEF	208.33 ± 50.36abAB	211.30 ± 66.68cB
D10A1I80	0.38 ± 0.10aA	0.46 ± 0.12aA	230.17 ± 37.22aA	247.58 ± 58.92abcAB
D10A2I90	0.37 ± 0.08abAB	0.43 ± 0.14aAB	213.76 ± 27.22abAB	271.44 ± 58.40aA
D10A4I70	0.33 ± 0.05dDE	0.30 ± 0.17bcdCDE	212.73 ± 44.67abAB	233.43 ± 57.26bcAB
D25ANI80	0.33 ± 0.05dCDE	0.16 ± 0.09fF	207.07 ± 49.15abAB	259.04 ± 30.31abAB
D25A1I90	0.36 ± 0.06bcABC	0.43 ± 0.08aAB	219.42 ± 24.80aAB	233.19 ± 15.65bcAB
D25A2I70	0.34 ± 0.05cdBCDE	0.22 ± 0.11efEF	214.21 ± 42.43abAB	225.78 ± 53.70bcAB
D25A4I80	0.34 ± 0.07cdBCDE	0.22 ± 0.09efEF	212.09 ± 54.46abAB	236.10 ± 82.97abcAB
D40ANI₉₀	0.32 ± 0.05dE	0.30 ± 0.11cdeCDE	204.03 ± 35.79abAB	232.73 ± 24.27bcAB
D40A1I70	0.36 ± 0.05bcABCD	0.42 ± 0.04aAB	222.57 ± 45.15aAB	239.67 ± 10.26abcAB
D40A2I80	0.33 ± 0.06dDE	0.38 ± 0.12abABC	211.01 ± 29.53abAB	252.73 ± 50.07abAB
D40A4I90	0.33 ± 0.03dCDE	0.33 ± 0.08bcBCD	181.07 ± 19.89bB	232.01 ± 9.93bcAB

注：表中 0.33±0.05 为实测平均值 ± 标准差；同列数据后不同字母表示差异显著性水平，小写字母为 $P<5\%$，大写字母为 $P<1\%$。

7.1.2 根区加气对甜瓜功能叶片光合色素的影响

7.1.2.1 对功能叶片光合色素含量的影响

从表 7-3 可看出，伸蔓期和果实膨大期同等埋深条件下叶绿素a的峰值均出现于每天加气一次处理，且在D10A1I80 和D40A1I70 处理下叶绿素a含量均出现最大值。成熟期叶绿素a最大值出现于D40A1I70 处理，而D10A1I80 处理叶绿素a含量降低。单因素方差分析表明，仅果实膨大期灌水上限和成熟期滴灌带埋深对叶绿素a含量无显著影响，其他单因素均对叶绿素a含量产生显著影响。三因素两两交互下均对叶绿素a含量产生极显著影响。

三个生育期内D40A1I70 处理下叶绿素b含量均达到峰值。且在同等埋深条件下每天加气 1 次叶绿素b含量均高于其他处理。单因素方差分析表明，滴灌带埋深随植株生长对叶绿素b含量的影响逐渐减弱；加气频率在三个生育期内均对叶绿素b产生极显著影响；灌水上限仅在果实膨大期对叶绿素b有极显著影响。

对类胡萝卜素含量分析发现，伸蔓期和果实膨大期峰值均出现于D10A1I80处理，成熟期峰值出现于D40A1I70处理。与加气灌溉对叶绿素a及叶绿素b影响规律相同，同等埋深下每天加气1次类胡萝卜素含量均高于其他处理。单因素下滴灌带埋深仅对果实膨大期类胡萝卜素有极显著影响，加气频率对类胡萝卜素在三个生育期内均有极显著影响，灌水上限仅对成熟期类胡萝卜素含量有显著影响。交互作用下滴灌带埋深和加气频率对伸蔓期和果实膨大期类胡萝卜素含量有极显著影响，对成熟期类胡萝卜素含量有显著影响。滴灌带埋深和灌水上限对三个生育阶段类胡萝卜素含量均有极显著影响。加气频率和灌水上限仅对果实膨大期类胡萝卜素含量有极显著影响。

极差分析表明（图7-2），对光合色素影响最大的因素为加气频率，且每天加气1次处理下叶绿素a和叶绿素b含量均最高，但2 d 1次和4 d 1次加气叶绿素b有下降趋势；伸蔓期和果实膨大期滴灌带埋深10 cm下叶绿素a和叶绿素b含量均最高，而成熟期埋深40 cm下两种色素含量最高，滴灌带埋深25 cm时三个时期叶绿素b有降低趋势；灌水至田间持水量的70%时叶绿素a、b含量达到峰值，而灌水至田间持水量的80%叶绿素b含量及成熟期叶绿素a含量均有降低趋势。

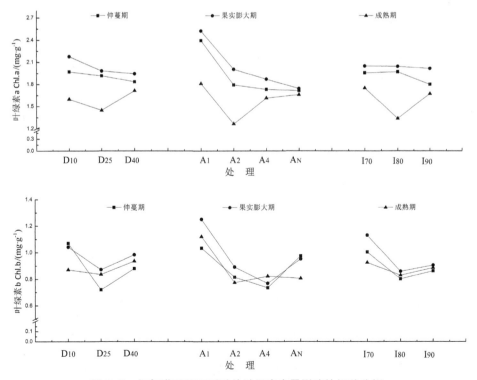

图7-2　加气灌溉处理对叶片叶绿素含量影响的极差分析

表 7-3 加气灌溉对甜瓜各生育阶段叶片光合色素含量的影响

处理	叶绿素 a Chl.a/ (mg·g⁻¹)			叶绿素 b Chl.b/ (mg·g⁻¹)			类胡萝卜素 / (mg·g⁻¹)		
	伸蔓期	果实膨大期	成熟期	伸蔓期	果实膨大期	成熟期	伸蔓期	果实膨大期	成熟期
D10ANI70	1.60±0.10d	1.53±0.02g	1.89±0.09c	1.10±0.04ab	1.07±0.05b	0.80±0.05cd	0.21±0.02f	0.18±0.01d	0.33±0.02a
D10A1I80	2.54±0.13a	2.70±0.08a	2.45±0.14ef	1.15±0.15ab	1.09±0.19b	1.19±0.11ab	0.61±0.07a	0.54±0.07a	0.11±0.05d
D10A2I90	1.94±0.05bc	2.45±0.09b	1.49±0.07de	1.05±0.20ab	1.06±0.05b	0.75±0.11cd	0.29±0.08ef	0.48±0.07ab	0.21±0.06abcd
D10A4I70	1.81±0.09c	2.02±0.02cd	1.56±0.08de	0.99±0.11b	0.95±0.09bc	0.74±0.10cd	0.48±0.03b	0.37±0.02bc	0.27±0.03ab
D25ANI80	1.93±0.02bc	1.97±0.06d	1.50±0.09de	0.79±0.11c	0.88±0.03bcd	0.86±0.04bcd	0.35±0.05de	0.36±0.04bc	0.23±0.01abcd
D25A1I90	2.08±0.10b	2.16±0.07c	1.69±0.09cd	0.75±0.12c	1.02±0.18b	0.93±0.11abcd	0.46±0.07bc	0.40±0.10bc	0.24±0.03abcd
D25A2I70	1.85±0.04c	1.93±0.07d	1.26±0.06f	0.74±0.10c	0.87±0.22bcd	0.93±0.06abcd	0.36±0.04de	0.31±0.14cd	0.15±0.02bcd
D25A4I80	1.81±0.07c	1.87±0.05de	1.36±0.16ef	0.60±0.00c	0.72±0.06cd	0.63±0.08d	0.43±0.02bcd	0.35±0.07c	0.28±0.05a
D40ANI90	1.61±0.10d	1.72±0.11ef	1.59±0.09de	1.04±0.10ab	0.91±0.18bc	0.76±0.11cd	0.27±0.03ef	0.26±0.01cd	0.27±0.08abc
D40A1I70	2.56±0.23a	2.71±0.09a	2.29±0.22a	1.20±0.15a	1.64±0.09a	1.24±0.30a	0.51±0.10b	0.38±0.04bc	0.34±0.15a
D40A2I80	1.59±0.02d	1.63±0.17fg	1.05±0.07g	0.67±0.03c	0.75±0.23cd	0.64±0.08d	0.34±0.01de	0.28±0.07cd	0.13±0.04cd
D40A4I90	1.57±0.13d	1.72±0.11ef	1.92±0.06b	0.52±0.04c	0.63±0.07d	1.10±0.48abc	0.36±0.06cde	0.29±0.07cd	0.31±0.15a
				F-value					
埋深 D	5.173*	15.763**	2.140ns	14.365**	4.819*	0.567ns	0.814ns	6.469**	1.121ns
加气频率 A	87.227**	139.517**	46.170**	14.063**	19.723**	7.056**	32.9303**	8.708**	5.481**
灌水上限 I	6.470**	0.575ns	53.374**	2.989ns	13.433**	1.132ns	2.721ns	2.653ns	4.970*
D×A	12.824**	37.031**	27.186**	4.163**	7.582**	3.191*	4.3353**	4.510**	3.255*
D×I	66.572**	54.538**	26.254**	4.202**	14.925**	6.782**	7.401**	5.946**	6.190**
A×I	11.376**	45.044**	11.979**	10.724**	4.710**	3.003*	2.431ns	5.043**	1.972ns

注：表中 1.60±0.10 为实测平均值 ± 标准差；同列数据后不同字母表示差异显著性水平，小写字母表示差异显著（$P<5\%$）。* 和 ** 分别代表 $P<5\%$ 和 $P<1\%$ 水平上差异显著，ns 表示差异不显著（$P>5\%$）。

7.1.2.2 对总叶绿素的影响

叶绿素是光合作用的光敏催化器，与光合作用关系密切，含量和比值是植物适应并利用环境因子的重要指标。对总叶绿素分析发现，在三个生育阶段内D40A1I70 处理下总叶绿素含量显著高于其他处理，且D10A1I80 处理下伸蔓期总叶绿素含量也高于其他处理（表7-4）。单因素方差分析表明，滴灌带埋深对成熟期总叶绿素含量有显著影响，其他单因素及两两交互作用均对总叶绿素含量有极显著影响。

表 7-4　加气灌溉对甜瓜各生育阶段总叶绿素含量的影响

处理	总叶绿素 /（mg·g⁻¹）		
	伸蔓期	果实膨大期	成熟期
D10ANI70	2.70 ± 0.13bc	2.60 ± 0.04g	2.69 ± 0.11c
D10A1I80	3.69 ± 0.17a	3.80 ± 0.14b	2.64 ± 0.05c
D10A2I90	2.98 ± 0.16b	3.51 ± 0.05c	2.24 ± 0.16ef
D10A4I70	2.80 ± 0.08bc	2.97 ± 0.08e	2.30 ± 0.14def
D25ANI80	2.72 ± 0.13bc	2.85 ± 0.08ef	2.35 ± 0.07cde
D25A1I90	2.83 ± 0.14bc	3.18 ± 0.11d	2.62 ± 0.16cd
D25A2I70	2.58 ± 0.14cd	2.80 ± 0.14f	2.18 ± 0.11ef
D25A4I80	2.41 ± 0.06de	2.59 ± 0.09g	1.99 ± 0.09fg
D40ANI90	2.65 ± 0.15cd	2.64 ± 0.08g	2.36 ± 0.05cde
D40A1I70	3.76 ± 0.30a	4.34 ± 0.02a	3.53 ± 0.09a
D40A2I80	2.26 ± 0.04e	2.38 ± 0.07h	1.69 ± 0.01g
D40A4I90	2.19 ± 0.15e	2.35 ± 0.05h	3.02 ± 0.53b
F-value			
埋深 D	17.032**	26.262**	3.759*
加气频率 A	73.042**	324.672**	35.590**
灌水上限 I	11.884**	37.375**	12.620**
D×A	13.546**	81.890**	16.249**
D×I	40.145**	116.613**	15.551**
A×I	17.632**	88.784**	11.777**

注：表中 2.70±0.13 为实测平均值 ± 标准差；同列数据后不同字母表示差异显著性水平，小写字母为 $P<5\%$。* 和 ** 分别代表 $P<5\%$ 和 $P<1\%$ 水平上差异显著，ns 表示差异不显著（$P>5\%$）。

7.1.3 根区加气对甜瓜叶面积指数（LAI）的影响

由表 7-5 可看出，伸蔓期到花期 LAI 增加约一倍，花期到果实膨大期 LAI 变化较缓慢。伸蔓期 D10A1I80 极显著高于不加气处理（P<1%），花期与果实膨大期 LAI 无极显著性差异。伸蔓期滴灌带埋深 10 和 25 cm，每天加气处理的 LAI 均显著高于不加气处理。花期 D25A1I90 与 D40A1I70 处理 LAI 显著高于 D10ANI70 处理。果实膨大期滴灌带埋深 25 cm 时，LAI 高于埋深 10 cm，但仅与 D10ANI70 存在显著性差异。滴灌带埋深对花期、果实膨大期 LAI 有显著性影响，加气频率仅对伸蔓期 LAI 有显著性影响；两两交互作用下，滴灌带埋深和加气频率、灌水上限和加气频率对伸蔓期 LAI 有显著影响，灌水上限和加气频率对果实膨大期 LAI 有显著性影响。极差分析表明（图 7-3），伸蔓期 LAI 随埋深增加而增加，花期和果实膨大期最适宜的埋深为 25 cm。LAI 随加气频率和灌水上限的升高而增加。

表 7-5　根区加气技术对甜瓜不同生育期叶面积指数的影响

处理	叶面积指数（LAI）		
	伸蔓期	花期	果实膨大期
D10ANI70	0.85 ± 0.31^{bB}	1.87 ± 0.26^{bA}	1.61 ± 0.45^{bA}
D10A1I80	1.87 ± 0.10^{aA}	2.29 ± 0.55^{abA}	2.26 ± 0.33^{abA}
D10A2I90	1.22 ± 0.49^{abAB}	2.67 ± 0.32^{abA}	2.84 ± 0.57^{abA}
D10A4I70	1.69 ± 0.42^{aAB}	2.04 ± 0.37^{bA}	2.54 ± 0.80^{abA}
D25ANI80	0.81 ± 0.37^{bB}	2.68 ± 0.47^{abA}	3.43 ± 0.10^{aA}
D25A1I90	1.66 ± 0.61^{aAB}	3.60 ± 1.04^{aA}	3.42 ± 0.37^{aA}
D25A2I70	1.62 ± 0.20^{aAB}	2.71 ± 0.87^{abA}	3.06 ± 0.04^{aA}
D25A4I80	1.52 ± 0.56^{abAB}	3.22 ± 0.74^{abA}	3.10 ± 0.25^{aA}
D40ANI90	0.85 ± 0.46^{bB}	2.89 ± 1.51^{abA}	2.27 ± 0.14^{abA}
D40A1I70	1.36 ± 0.29^{abAB}	3.46 ± 0.26^{aA}	3.32 ± 0.13^{aA}
D40A2I80	1.43 ± 0.75^{abAB}	2.27 ± 0.48^{abA}	3.27 ± 1.41^{aA}
D40A4I90	0.79 ± 0.23^{bB}	2.61 ± 0.56^{abA}	3.24 ± 0.88^{aA}
F 值 F value			
埋深 D	0.485^{ns}	4.561^{*}	4.357^{*}
加气频率 A	4.323^{*}	1.539^{ns}	1.589^{ns}

续表

处理	叶面积指数（LAI）		
	伸蔓期	花期	果实膨大期
灌水上限 I	2.848^{ns}	1.217^{ns}	0.182^{ns}
D×A	2.627*	0.984^{ns}	1.017^{ns}
D×I	6.660^{ns}	1.884^{ns}	0.986^{ns}
A×I	2.438*	2.099^{ns}	2.703*

注：表中 0.85±0.31 为实测平均值 ± 标准差；同列数据后不同字母表示差异显著性水平，小写字母为 $P<5\%$，大写字母为 $P<1\%$。* 和 ** 分别代表 $P<5\%$ 和 $P<1\%$ 水平上差异显著，ns 表示差异不显著（$P>5\%$）。

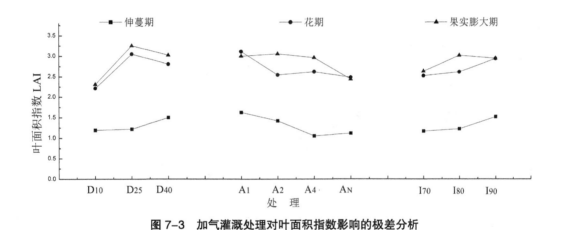

图 7-3　加气灌溉处理对叶面积指数影响的极差分析

7.2 根区加气对大棚番茄光合特性的影响

7.2.1 根区加气对番茄光合特性的影响

不同加气量与滴灌带埋深对番茄光合特性的影响见表 7-6。两次测定结果均表明加气处理下 Pn 高于不加气处理，且同一时期内，加气量相同时，滴灌带埋深 15 cm Pn 均高于埋深 40 cm 处理。滴灌带埋深 15 cm 时，V2 处理 Pn 分别较不加气处理提高 37.7% 和 5.1%。40 cm 埋深下，V2 处理 Pn 分别较不加气处理提高 74.5% 和 55.6%。开花坐果期两种埋深下 Gs 均随加气量的升高呈先升高后降低趋势。果实膨大期 40 cm 埋深下随加气量的升高 Gs 呈持续升高趋势，Gs 由不加气处理下的 0.35 mmol·m^{-2}·s^{-1} 升高至 V3 下的 0.50 mmol·m^{-2}·s^{-1}。开花坐果期 Pn 高于果实膨大期，而 Gs 低于果实膨大期。开花坐果期加气处理 Ci 均低于不加气处理，Ci 的最大值出现于 D40V0 处理。方差分析表明，两个生育阶段内加气处理对Pn均有极显著影响（$P<1\%$）。加气处理对开花坐果期Gs和Ci有极显著影响（$P<1\%$），但对果实膨大期无显著影响（$P>5\%$）。滴灌带埋深对开花坐果期Pn及Gs有显著影响（$P<5\%$），对果实膨大期有极显著影响（$P<1\%$）。滴灌带埋深对开花坐果期Ci有极显著影响（$P<1\%$）。两因素交互作用对开花坐果期Ci及果实膨大期Pn有极显著影响（$P<1\%$），对果实膨大期Gs有显著影响（$P<5\%$）。

表7-6 加气处理对番茄光合特性的影响

处理号	净光合速率 Pn/（$\mu mol \cdot m^{-2} \cdot s^{-1}$）		气孔导度 Gs/（$mmol \cdot m^{-2} \cdot s^{-1}$）		胞间 CO_2 浓度 Ci/（$\mu mol \cdot mol^{-1}$）	
	开花坐果期	果实膨大期	开花坐果期	果实膨大期	开花坐果期	果实膨大期
D15V0	11.58bc	9.85a	0.35b	0.61a	315.83bc	190.11b
D15V1	16.08a	10.03a	0.45a	0.55ab	312.56bc	197.26ab
D15V2	15.94a	10.35a	0.38ab	0.62a	292.33d	192.28ab
D15V3	13.23ab	10.35a	0.25c	0.44bc	265.00e	206.22a
D40V0	8.86c	6.17c	0.30bc	0.35c	331.56a	194.06ab
D40V1	15.24a	7.73b	0.37ab	0.42bc	306.56c	187.50b
D40V2	15.46a	9.60a	0.36ab	0.50abc	316.67bc	191.61ab
D40V3	10.41c	9.41a	0.21c	0.50abc	323.89ab	188.06b
F 值 F-value						
加气量（V）	17.224**	7.700**	12.400**	1.223ns	10.970**	0.498ns
滴灌带埋深（D）	6.818*	33.182**	4.724*	10.164**	43.709**	3.023ns
V×D	0.898ns	4.155**	0.332ns	3.379*	15.109**	1.909ns

注：表中 D 表示滴灌带埋深；D15、D40 分别表示滴灌带埋深 15、40 cm；V 表示加气量；V0、V1、V2、V3 分别表示不加气及 0.5、1、1.5 倍标准加气量。同列数据后不同字母表示差异显著性水平，小写字母为 $P<5\%$ 水平显著。* 和 ** 分别代表 $P<5\%$ 和 $P<1\%$ 水平上差异显著，ns 表示差异不显著（$P>5\%$）。

从表 7-7 可看出，开花坐果期Tr随加气量的升高呈先升高后降低趋势，果实膨大期滴灌带埋深 15 cm下不加气处理Tr高于加气处理，而滴灌带埋深 40 cm下加气处理Tr高于不加气处理。开花坐果期iWUE随加气量的升高而升高，15 cm滴灌带埋深下，iWUE由V0 处理下的 3.19 mmol·mol^{-1} 升高至V3 加气量下的 4.22 mmol·mol^{-1}，40 cm埋深下，V3 处理较V0 处理iWUE提高 46.6%。果实膨大期同等滴灌带埋深下加气处理iWUE均高于不加气处理。Ls总体上随加气量的升高呈升高趋势。方差分析表明，两个生育阶段内加气量均对iWUE有极显著影响（$P<1\%$），开花坐果期加气量对Tr及Ls有极显著影响（$P<1\%$）。滴灌带埋深对Tr有极显著影响（$P<1\%$），对开花坐果期iWUE有显著影响（$P<5\%$），对果实膨大期iWUE及开花坐果期Ls有极显著影响（$P<1\%$）。两因素交互作用对开花坐果期Ls及果实膨大期Tr有极显著影响（$P<1\%$），对iWUE有显著性影响（$P<5\%$）。

表7-7 加气处理对番茄蒸腾速率及瞬时水分利用效率的影响

处理号	蒸腾速率 Tr/（mmol·m^{-2}·s^{-1}）		瞬时水分利用效率 iWUE/（mmol·mol^{-1}）		气孔限制值 Ls	
	开花坐果期	果实膨大期	开花坐果期	果实膨大期	开花坐果期	果实膨大期
D15V0	3.60bc	4.46ab	3.19b	2.23cd	0.20c	0.22ab
D15V1	5.00a	3.97bc	3.27b	2.70b	0.24b	0.21ab
D15V2	4.01b	4.01bc	3.90a	2.58bc	0.26b	0.24a
D15V3	3.28bc	3.54c	4.22a	3.41a	0.32a	0.23ab
D40V0	3.10c	4.38ab	2.94b	1.43f	0.18c	0.19b
D40V1	3.67bc	4.60ab	4.18a	1.65ef	0.25b	0.21ab
D40V2	3.50bc	4.59ab	4.42a	2.09de	0.25b	0.22ab
D40V3	2.42d	4.92a	4.31a	1.92de	0.24b	0.22ab
F-value						
加气量（V）	14.332**	0.310ns	18.371**	10.696**	17.498**	1.384ns
滴灌带埋深（D）	22.628**	19.589**	6.896*	82.270**	9.223**	2.000ns
V×D	1.352ns	4.457**	4.093*	3.898*	5.566**	0.497ns

注：同列数据后不同字母表示差异显著性水平，小写字母为$P<5\%$水平显著。* 和 ** 分别代表$P<5\%$和$P<1\%$水平上差异显著，ns表示差异不显著（$P>5\%$）。

7.2.2 加气条件下各光合相关指标间的相互关系

图7-4为开花坐果期Pn与Gs和Tr的线性拟合关系。从图7-4可看出，Pn与Gs呈较强的线性相关（$R^2=0.534$），说明试验中加气处理下光合作用的升高是由于叶片气孔导度的升高所引起的。Pn与Tr也呈较强的线性相关（$R^2=0.574$），是由于加气处理促进了叶片气孔的开放，高气孔导度伴随着高蒸腾作用。Pn与Gs的斜率（0.22）大于Pn与Tr的斜率（0.199），是由于Gs的升高引起Tr的升高，Tr的升高与Gs相比存在滞后性，所以Pn与Gs的斜率高于Pn与Tr的斜率。果实膨大期Pn与Gs、Tr拟合关系较差，为节省篇

幅在图中略去。

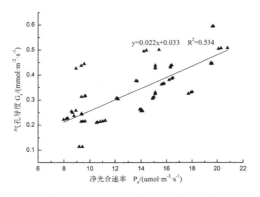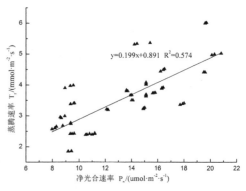

（a）净光合速率与气孔导度线性回归关系　　（b）净光合速率与蒸腾速率线性回归关系

图7-4　开花坐果期净光合速率与气孔导度及蒸腾速率的线性回归关系

开花坐果期和果实膨大期C_i与L_s，L_s与iWUE线性拟合关系如图7-5所示。开花坐果期和果实膨大期C_i与L_s均呈负相关关系，线性拟合方程分别为：y=0.001x+0.838，（R^2=0.855），y=0.002x+0.613，（R^2=0.580）。表明两个生育阶段内，光合作用限制类型均以气孔限制占主导。加气处理能够增加叶片气孔导度，更多的CO_2进入叶片，为光合反应提供了充足的原料。开花坐果期L_s与iWUE线性回归方程为：y=11.42x+1.035，（R^2=0.652），说明在生育前期提高L_s能够减少不必要的水分损失以提高iWUE。而果实膨大期L_s与iWUE拟合程度较差，说明在生育后期，加气处理虽然升高了T_r，但同时提高了光合反应相关酶系统而保障了光合反应的顺利进行，所以L_s与iWUE相关性及斜率均较低。

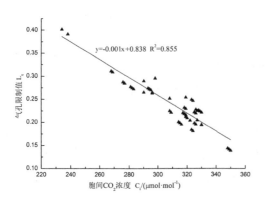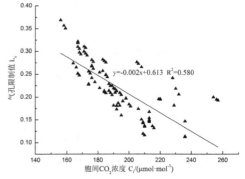

（a）开花坐果期胞间CO_2浓度与气孔限制　　（b）果实膨大期胞间CO_2浓度与气孔限制
　　　值线性回归关系　　　　　　　　　　　　　　值线性回归关系

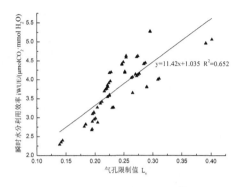
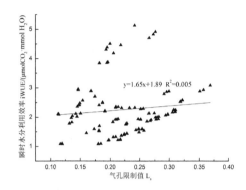

（c）开花坐果期气孔限制值与瞬时水分利
用效率线性回归关系

（d）果实膨大期气孔限制值与瞬时水分利
用效率线性回归关系

图7-5　各光合相关指标间的线性回归关系

7.2.3　根区加气对功能叶片光合色素的影响

加气量、滴灌带埋深对番茄功能叶片光合色素的影响见表7-8。两个生育阶段内滴灌带埋深15 cm处理下，随加气量的升高叶绿素a含量均呈先升高后降低趋势，且在V2处理下叶绿素a含量均达最大值；40 cm滴灌带埋深下，除果实膨大期V1处理叶绿素a含量略低于不加气处理外，叶绿素a含量均呈随加气量升高而升高趋势，V3处理下叶绿素a含量达最大值。果实膨大期叶绿素b含量随加气量的升高呈先升高后降低趋势，且V3加气量下叶绿素b含量最低。果实膨大期D40V3处理叶绿素a/b最高，D40V1处理叶绿素a/b最低。试验处理对类胡萝卜素含量及开花坐果期叶绿素b含量和叶绿素a/b无显著影响。

表7-8　加气处理对番茄功能叶片光合色素的影响

处理	叶绿素 a /（mg·g⁻¹ 鲜重）		叶绿素 b /（mg·g⁻¹ 鲜重）		叶绿素 a/b	
	开花坐果期	果实膨大期	开花坐果期	果实膨大期	开花坐果期	果实膨大期
D15V0	0.85b	1.05b	0.24a	0.39ab	3.71a	3.15ab
D15V1	0.96ab	1.19ab	0.26a	0.41ab	3.76a	3.36ab
D15V2	1.27a	1.33ab	0.35a	0.37ab	3.64a	3.09ab
D15V3	0.99ab	1.12b	0.28a	0.29b	3.58a	3.61ab
D40V0	0.87b	1.05b	0.25a	0.34ab	3.58a	3.13ab
D40V1	0.91ab	1.04b	0.24a	0.42ab	3.76a	2.97b

续表

处理	叶绿素 a / (mg·g⁻¹ 鲜重)		叶绿素 b / (mg·g⁻¹ 鲜重)		叶绿素 a/b	
	开花坐果期	果实膨大期	开花坐果期	果实膨大期	开花坐果期	果实膨大期
D40V2	1.02ab	1.24ab	0.27a	0.49a	3.84a	3.10ab
D40V3	1.05ab	1.54a	0.32a	0.27b	3.27a	3.78a

注：同列数据后不同字母表示差异显著性水平，小写字母为 $P<5\%$ 水平显著。

图 7-6 显示，除 D15V2 及 D40V3 处理外，果实膨大期总叶绿素含量均高于开花坐果期。15 cm 滴灌带埋深下叶绿素总量随加气量的升高呈先升高后降低趋势，开花坐果期和果实膨大期的峰值分别出现于 V2 和 V1 处理。40 cm 滴灌带埋深下开花坐果期叶绿素总量随加气量的升高而升高，果实膨大期叶绿素总量随加气量的升高呈先升高后降低趋势，峰值出现于 V2 处理。

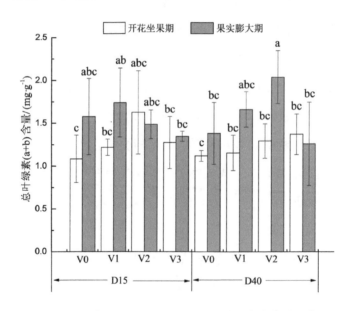

图 7-6　加气量、埋深处理对番茄总叶绿素含量的影响

注：图中 D 表示滴灌带埋深：D15、D40 分别表示滴灌带埋深 15、40 cm；V 表示加气量：V0、V1、V2、V3 分别表示不加气及 0.5、1、1.5 倍标准加气量。不同字母表示差异显著性水平，小写字母为 $P<5\%$ 水平显著。

7.3　讨论

7.3.1　根区加气对大棚甜瓜光合特性的影响

土壤中水气两相是一对矛盾体，传统灌溉方式在满足作物水分需求的同时，驱排土壤气体，必然会降低土壤中氧含量[①]。O_2对于作物生长至关重要，在有氧呼吸过程中氧是线粒体电子传递链的电子受体，是有氧呼吸中ATP生成的必备条件之一[②]。前人研究表明，低氧胁迫下根细胞线粒体、蛋白质结构受到破坏，细胞能荷降低，细胞质酸中毒，抑制植株生长，甚至导致死亡[③]。本试验结果表明，采用空气压缩机借助地下滴灌带对土壤加气能够有效提高Pn、叶绿素含量、LAI，并增加成熟期植株干物质积累。

7.3.1.1　根区加气对甜瓜光合特性及叶面积指数的影响

光合产物的形成和分配是作物产量和品质的基础，而光合产物的产量主要由LAI、Pn和光合作用时间长度所决定[④]。叶片光合能力和截获光能能力越强，对生物量和经济产量形成的功效越大。多项研究表明[⑤⑥]，改善土壤气体环境能够增加Gs，提高Ci增强Pn和叶片ATP酶活性。

叶绿体是光合作用的重要细胞器，绝大多数叶绿素a分子和全部的叶绿素b分子具有收集光能的作用，少数叶绿素a可将获得的光能进行电荷分离，直接参与光化学反应[⑦]。高叶绿素含量，表明植株具有较强的光能捕获能力。本研究中，加气灌溉有利于大棚甜瓜叶系统的生长和发育。不同的加气频率、灌水上限、滴灌带埋深均在一定程度上对叶绿素a和叶绿素b含量造成影响。其中伸蔓期和果实膨大期最适宜的埋深为10 cm，而成熟期埋深40 cm下叶绿素含量最高，随加气频率的提高叶绿素a、b含量升

①RIEU M，SPOSITO G. Fractal fragmentation，soil porosity，and soil water properties：I. Theory[J]. Soil Science Society of America Journal，1991，55（5）：1231−1238.

②BIEMELT，KEETMAN，ALBRECHT. Re−aeration following hypoxia or anoxia leads to activation of the antioxidative defense system in roots of wheat seedlings[J]. Plant Physiology，1998，116（2）：651−658.

③DREW M C. Oxygen deficiency and root metabolism：injury and acclimation under hypoxia and anoxia[J]. Annual Review of Plant Physiology and Plant Molecular Biology，1997，48：223−250.

④GITELSON A A，PENG Y，ARKEBAUER T J，et al. Relationships between gross primary production，green LAI，and canopy chlorophyll content in maize：Implications for remote sensing of primary production[J]. Remote Sensing of Environment，2014，144：65−72.

⑤史春余，王振林，余松烈. 土壤通气性对甘薯产量的影响及其生理机制[J]. 中国农业科学，2001，34（2）：173−178.

⑥孙周平. 根际气体环境对马铃薯块茎形成的作用机理研究[D]. 沈阳：沈阳农业大学蔬菜学，2003：15−25.

⑦TEZARA W，MITCHELL V J，DRISCOLL S D，et al. Water stress inhibits plant photosynthesis by decreasing coupling factor and ATP[J]. Nature，1999，401（6756）：914−917.

高，但2 d 1次和4 d 1次成熟期叶绿素a含量和叶绿素b含量有所降低。

加气频率对Pn有显著影响，伸蔓期最优处理组合为D10A1I70，果实膨大期为D40A1I90。每天加气一次能够显著提高Pn，结果与王德玉等[1]发现土壤紧实胁迫抑制黄瓜叶片中同化物的合成和输出，阻碍根系对碳水化合物的利用相一致。在伸蔓期，滴灌带埋深10 cm Pn显著高于其他处理；在果实膨大期，埋深40 cm显著高于其他处理，与夏玉慧等[2]研究地下滴灌埋深度对紫花苜蓿生长影响相似，其研究发现埋深10 cm在分枝期最佳，而开花期以后埋深30 cm显著高于其他处理。但何华等[3]发现在重壤土上40 cm是冬小麦进行地下滴灌的较好埋深。刘玉春等[4]认为均质土壤地下毛管埋深15 cm下番茄氮肥偏生产力最高，与本研究结果不一致，可能是土壤质地、土壤均匀程度不同，其次，不同作物根系分布和作物需水差异及本研究利用地下滴灌进行加气也可能是造成结果不一致的主要原因。

提高光能利用率，一方面要提高光能转化率，另一方面要提高截获光能，本试验中LAI随加气频率的升高而升高，伸蔓期埋深40 cm，花期和果实膨大期埋深25 cm LAI最大，提高灌水上限能够增加LAI。

7.3.1.2 根区加气对甜瓜光合及干物质积累影响机理分析

光合作用的限制因子可分为气孔限制和非气孔限制[5]。Gs与Pn的相关系数达到显著水平，表明Gs是温室甜瓜Pn高低的决定因素之一，温室内根区加气对光合作用的影响主要通过对Gs的影响发挥作用，属于光合限制因子中的气孔限制。加气处理能够显著增加Gs，该结论与前人研究得到低氧胁迫下抑制气孔开放，良好的土壤气体环境能够

①王德玉，孙艳，郑俊骞，等.土壤紧实胁迫对黄瓜碳水化合物代谢的影响[J].植物营养与肥料学报，2013，19（1）：182-190.

②夏玉慧，汪有科，汪治同.地下滴灌埋设深度对紫花苜蓿生长的影响.草地学报[J]，2008，16（3）：298-302.

③何华，康绍忠，曹红霞.地下滴灌埋管深度对冬小麦根冠生长及水分利用效率的影响[J].农业工程学报，2001（06）：31-33.

④刘玉春，李久生.毛管埋深和层状质地对番茄滴灌水氮利用效率的影响[J].农业工程学报，2009（6）：7-12.

⑤FARQUHAR G D，SHARKEY T D. Stomatal conductance and photosynthesis[J]. Annual Review of Plant Physiology，1982，33（1）：317-345.

增加气孔导度相一致[1]，其机理可能是根系对土壤气体的感知与植株ABA的合成有关，良好的土壤气体环境减少了根部ABA的合成，同时降低了叶片ABA的含量，而ABA是调控气孔行为的主要生理活性物质，其含量与气孔阻力呈平行变化趋势[2][3]。

加气灌溉下Gs的增加和气孔限制值的降低使得Ci提高，为光合作用的高效进行提供了充足的原料，保障了光合作用的高效进行。但同时，Gs的增加导致植株蒸腾速率（Tr）增加。因此iWUE变化趋势并非完全与Pn变化趋势相同，本试验中伸蔓期iWUE随加气频率升高而升高，而果实膨大期呈降低趋势。

加气灌溉对叶片叶绿素含量的影响与光合速率相似，即加气处理能够提高叶绿素含量，埋管深度位于主根区时叶绿素含量和Pn最高。表明，加气灌溉提高Pn的另一个主要因素是由于叶绿素含量的增加所引起的，与邱（Qiu）等[4]研究得到叶绿素含量降低Pn降低相一致。

Pn与叶干重、总干重有显著正相关关系，说明土壤加气能显著提高Pn，增加干物质积累量。植株根系干重和茎干重、根冠比、Pn、叶绿素b含量有极显著正相关关系，与总干重、Tr、总叶绿素含量有显著正相关关系。说明，加气处理提高根系干重的同时叶绿素含量也得到提高，促进了植株整体干物质的积累，与基特尔森（Gitelson）等[5]研究得到叶绿素含量与干物质积累呈正相关相一致。而加气条件下根冠比和叶干重及总干重均呈极显著负相关，说明加气灌溉虽然促进了根系和地上部分的干物质积累，

①ELSE M A，JANOWIAK F，ATKINSON C J，et al. Root signals and stomatal closure in relation to photosynthesis，chlorophyll a fluorescence and adventitious rooting of flooded tomato plants[J]. Annals of Botany，2008，103（2）：313-323.

②ROBINSON J M，JORGENSEN A，CAMERON R，et al. Let nature be thy medicine：a socioecological exploration of green prescribing in the UK[J]. International Journal of Enviro nmental Research and Public Health，2020，17（10）：3460.

③COMSTOCK J P. Hydraulic and chemical signalling in the control of stomatal conductance and transpiration[J]. Journal of Experimental Botany，2002，53（367）：195-200.

④QIU Z，WANG L，ZHOU Q. Effects of bisphenol A on growth，photosynthesis and chlorophyll fluorescence in above-ground organs of soybean seedlings[J]. Chemosphere，2013，90（3）：1274-1280.

⑤GITELSON A A，PENG Y，ARKEBAUER T J，et al. Relationships between gross primary production，green LAI，and canopy chlorophyll content in maize：Implications for remote sensing of primary production[J]. Remote Sensing of Environment，2014，144：65-72.

但加气处理对根系干重的影响大于地上部分。

总之，根区加气是一种良好的水气协调供应方式，对土壤加气促进了根系的生长，Gs增加，Ci升高，为光合作用提供了充足的原料。同时叶绿素含量得到提高，保障了光合系统的高效进行。因此，植株干物质积累得到增加。但加气处理下植株蒸腾速率也随之升高，需及时补充水分。其次，还有一些加气灌溉参数如最适宜加气量的确定，每天最适宜加气时间等尚不完全明确，植物激素调节对加气处理的响应还有待进一步研究。

7.3.2 根区加气对大棚番茄光合特性的影响

植物体内的ABA可通过减轻细胞膜的破损，提高叶片的保水性增强植物的抗逆性能，因而被称为胁迫激素或逆境激素[1]。根区低氧胁迫下，根部产生的ABA随蒸腾流传送到地上部。叶片对ABA十分敏感，ABA浓度略有升高即可启动保卫细胞的多条信息传递系统，引起气孔保卫细胞的关闭，该过程直接导致外界CO_2进入叶片内部受阻，叶片内CO_2供应不足，光合反应速率受到限制，但与此同时叶片蒸腾失水的速度也大大降低[2][3][4]。此外，逆境胁迫下叶绿体结构发生改变，膜系统由于过氧化而产生超氧自由基，光合色素被降解，光合反应相关酶系统受到损害，直接影响到光能的吸收、传递及有机物的合成[5][6]。前人研究表明，加气处理土壤氧含量能够提高 2.4%~32.6%，能够有效缓解根区低氧胁迫[7]，可能在一定程度上引起植株体内ABA的降低使得叶片气孔导

①张烈，沈秀瑛，孙彩霞，等.ABA与玉米抗旱性关系的研究[J].玉米科学，1998（S1）：42-44.

②HUNTINGFORD C，SMITH D M，DAVIES W J，et al. Combining the ［ABA］ and net photosynthesis-based model equations of stomatal conductance[J]. Ecological Modelling，2015，300：81-88.

③ERNST L，GOODGER J Q D，ALVAREZ S，et al. Sulphate as a xylem-borne chemical signal precedes the expression of ABA biosynthetic genes in maize roots[J]. Journal of Experimental Botany，2010，61（12）：3395-3405.

④MANCUSO S，SHABALA S. Waterlogging signalling and tolerance in plants[M]. Berlin：Springer，2010：1-22.

⑤FARQUHAR G D，SHARKEY T D. Stomatal conductance and photosynthesis[J]. Annual Review of Plant Physiology，1982，33（1）：317-345.

⑥刘锦涛，黄万勇，杨士红，等.加气灌溉模式下稻田土壤水溶解氧的变化规律[J].江苏农业科学，2015（02）：389-392.

⑦CHEN X M，DHUNGEL J，BHATTARAI S P，et al. Impact of oxygation on soil respiration，yield and water use efficiency of three crop species[J]. Journal of Plant Ecology，2011，4（4）：236-248.

度增加。本试验表明，加气处理下叶片气孔导度增加，气孔限制值升高，胞间CO_2升高，光合速率升高。与此同时，植株的蒸腾速率也升高。另一方面，根区加气处理使得叶绿素a含量升高，叶绿素a作为光合反应中心色素起着捕获光能和分离电荷的双重作用[1]。因此，叶绿素含量的升高进一步促进了净光合速率的升高。本试验中两个生育阶段内两种滴灌带埋深下加气处理均能显著提高净光合速率。目前，虽没有相关研究专门针对加气处理下植株的光合作用，但王德玉等[2]发现土壤紧实胁迫降低植株净光合速率、抑制同化物的合成和输出，与本研究得到加气处理显著提高净光合速率相一致。试验中，开花坐果期两种滴灌带埋深下V1及V2处理气孔导度较不加气处理均有所升高，果实膨大期 40 cm 埋深下加气处理有利于气孔的开放。该结果表明根区土壤加气在一定程度上促进了气孔的开放，增加了光合反应的原料（CO_2）。其次，加气处理对开花坐果期叶绿素a、b及总叶绿素含量均有一定提升，亦可能提高了光合反应酶促反应动力。然而，净光合速率受气孔导度、各光合色素及光合反应相关酶活性等多种因子的共同调控。因此，每一种光合色素的含量与净光合速率间的相关性不尽相同。

开花坐果期滴灌带埋深 15 cm 总叶绿素含量总体高于埋深 40 cm 处理，而果实膨大期滴灌带埋深 40 cm 处理高于埋深 15 cm 处理，是由于生育前期植株较小，根系主要分布于 0~30 cm 土层深度范围内，滴灌带埋深 15 cm 加气处理对主根区气体环境的改善作用要大于埋深 40 cm 处理，良好的根区气体环境间接提高了叶绿素含量，所以滴灌带埋深 15 cm 加气处理叶绿素含量高于埋深 40 cm 加气处理。随植株的生长，根系分布到更深的土层，因此果实膨大期滴灌带最适宜的埋深为 40 cm。前人对地下滴灌紫花苜蓿研究发现，生育前期滴灌带埋深 10 cm 长势最好，而后期埋管深度 30 cm 最为有利[3]，结论与本研究相似。而加气灌溉下毛豆和鹰嘴豆最适宜的埋管深度分别为 5 和 35 cm[4]，这

①GERISCHER H. Solar photoelectrolysis with semiconductor electrodes[M]. Solar Energy Conversion. Berlin：Springer Berlin Heidelberg，2005：15-35.

②王德玉，孙艳，郑俊骞，等. 土壤紧实胁迫对黄瓜碳水化合物代谢的影响[J]. 植物营养与肥料学报，2013，19（1）：182-190.

③夏玉慧，汪有科，汪治同. 地下滴灌埋设深度对紫花苜蓿生长的影响[J]. 草地学报，2008（03）：298-302.

④BHATTARAI S P，MIDMORE D J，PENDERGAST L. Yield，water-use efficiencies and root distribution of soybean，chickpea and pumpkin under different subsurface drip irrigation depths and oxygation treatments in vertisols[J]. Irrigation Science，2008，26：439-450.

一结论与本研究结论不一致，是由于最适宜的滴灌带埋深与不同作物根系分布和作物需水差异有关。其次，土壤质地不同也可能是造成结论不一致的主要原因。

加气处理使番茄叶片叶绿素含量和气孔导度得到增加，在双重因素的促使下净光合速率得到提高，因而干物质积累和产量增加，与之前研究得到根区加气能够提高作物产量、改善品质、提高植株水分利用效率相一致[1]。本研究还发现，40 cm滴灌带埋深下干物质积累和产量随加气量的升高而升高，而15 cm埋深V3加气量下干物质积累和产量有降低趋势，是由于番茄根系多分布于地下40 cm土层深度内，且0~30 cm土层范围内尤为密集。15 cm土层深度与40 cm深度相比，该区域为根系的主要集中区域，因此15 cm滴灌带埋深加气对根系的影响较40 cm土层深度加气效益更为显著。但该区域与外界大气进行气体交换相对容易，因此根区低氧胁迫并没有40 cm土层深度严重，V2加气量下已解除根系低氧胁迫，相反过量加气造成气蚀对植株产生负面影响。40 cm土层深度加气位置虽位于主根区之下，该区域低氧胁迫却较15 cm土层深度要严重，且加气位置距主根区远，所以对植株的影响并没有15 cm土层深度加气显著。由于40 cm土层深度低氧胁迫相对严重，加气过程中以土壤介质作为缓冲，气体逐渐扩散至植株主根区，因此高加气量下干物质积累和产量更高。本实验中，加气处理对植株根冠比无显著影响，表明加气处理仅促进了植株的干物质积累，但并未改变干物质的分配。

总之，根区加气是一种良好的水气协调供应方式，利用空气压缩机借助地下滴灌带对土壤加气能够显著提高叶绿素含量和叶片气孔导度，保障光合系统的高效进行，增加植株的干物质积累和产量。但本研究只是从植物体叶绿素、光合作用以及生长方面对加气处理的相应进行探讨，要全面揭示加气处理对作物生长影响的机理，还需要对植物细胞膜过氧化物以及相关激素等方面做进一步研究。

7.4 小结

7.4.1 加气灌溉对甜瓜光合特性的影响

（1）加气灌溉对叶绿素含量、光合作用均有显著影响，影响大小顺序依次为加气频率、滴灌带埋深和灌水上限。

---

①李元，牛文全，许健，等.加气滴灌提高大棚甜瓜品质及灌溉水分利用效率[J].农业工程学报，2016，32（01）：147-154.

（2）不同生育阶段，影响规律不同。其中每天加气 1 次LAI、叶绿素含量、Pn及干物质积累最高；生育前期 10 cm埋深处理Pn及叶绿素含量最高，但后期 40 cm埋深处理Pn、叶绿素含量及LAI最大。综合考虑，最优处理组合为D40A1I90。

（3）加气灌溉条件下叶片光合指标和干物质积累存在相关性，改善根区气体环境能够促进植株光合系统，增加干物质积累。

7.4.2　加气灌溉对番茄光合特性的影响

（1）加气灌溉对叶绿素含量、光合作用均有显著影响，对叶面积无显著影响。两种滴灌带埋管深度下，随加气量的升高净光合速率总体上呈先升高后降低趋势。15 和 40 cm滴灌带埋深下，V2 处理净光合速率较不加气处理提高 21.4%和 65.0%。滴灌带埋深为 15 cm，随加气量的升高叶绿素a、干物质积累及产量呈先升高后降低趋势，V2 处理较不加气处理分别提高 38.0%、55.4%和 59.0%；40 cm滴灌带埋深下叶绿素a、干物质积累及产量随加气量的升高而升高，V3 处理较不加气处理分别提高 33.7%、36.2%和 105.4%。

（2）加气灌溉条件下干物质积累、净光合速率、叶绿素指标存在正相关关系，改善根区气体环境能够显著提高叶片叶绿素含量及光合反应速率，增加干物质积累及产量。

（3）加气灌溉条件下 15、40 cm滴灌带埋深均可使用，15 cm滴灌带埋深下宜采用V2 加气量作为加气标准，40 cm滴灌带埋深下最佳加气量为V3 处理。

第八章
根区加气对甜瓜及番茄产量和品质的影响

甜瓜（Cucumis melo L.）是葫芦科（Cucurbitaceae）甜瓜属（Cucumis）一年生草本植物，是世界各国普遍种植的瓜类作物。2013年世界粮农组织（FAO）数据显示全球甜瓜总产量2946.3万t，中国约占全球总产量的48.6%。其次，土耳其、伊朗和埃及也是甜瓜的主要生产国[①]。甜瓜又分为厚皮甜瓜和薄皮甜瓜两个亚种，著名的哈密瓜也是甜瓜的变种之一[②]。甜瓜果肉松脆多汁、含糖量高、富含多种维生素，且具有特殊芳香气味，因此深受消费者喜爱[③]。然而，品质低劣，产量低下一直困扰着甜瓜生产，其中水资源短缺和根际低氧胁迫是限制产量和品质提升的重要因素。甜瓜对水分十分敏感，水分亏缺易造成甜瓜减产，而过量灌溉易造成品质降低和根区低氧胁迫，且无效蒸腾加大，造成水资源浪费[④]。番茄（Solanum, lycopersicon Mill.）是茄科（Solanaceae）番茄属草本植物，是一种全球广泛种植的作物。联合国粮农组织估算2010~2013年间全球番茄总产量约为63 452万t。中国约占全球总产量的31%，印度、美国、土耳其和

①FAO. Food and agricultural commodities production for 2013 [EB/OL]. http：//faostat3.fao.org/home/index.html.

②伊鸿平，吴明珠，冯炯鑫，等. 中国新疆哈密瓜资源与品种改良研究进展[J]. 园艺学报，2013（09）：1779-1786.

③BEAULIEU J C，GRIMM C C. Identification of volatile compounds in cantaloupe at various developmental stages using solid phase microextraction[J]. Journal of Agricultural and Food Chemistry，2001，49（3）：1345-1352.

④李毅杰，原保忠，别之龙，等. 不同土壤水分下限对大棚滴灌甜瓜产量和品质的影响[J]. 农业工程学报，2012（06）：132-138.

埃及也是番茄的主要生产国[①]。番茄因具有水果和蔬菜的双重身份，且富含碳水化合物、维生素、滴定酸、多种矿物质及微量元素而倍受人们青睐。番茄具有生育周期短、种植广泛、易获取的特点，常作为农业及生理生化研究的重要植物。

然而过度灌溉、农业机械碾压、过量施肥导致土壤板结、少耕等人为因素均可能导致土壤紧实，减小土壤孔隙度，造成根区低氧胁迫。一些自然因素，如地下水位过高、降雨、黏土或黏壤土条件下耕作也常导致土壤中氧含量的降低，限制作物产量、品质的提升[②]。大棚种植与室外大田种植不同，大棚内土壤的践踏频率远高于大田土壤。大棚内次表土层（16~30 cm）平均容重有随耕作年限增加而增加的规律[③]。且大棚内土壤通常以一季一次的浅耕为主，这就造成了耕层以下土壤板结、通透性差，作物根区低氧胁迫时有发生。前人研究表明，番茄低氧胁迫下叶绿素含量和光合速率降低、果实提早成熟、果实氨氮含量显著升高，维生素C和番茄红素降低[④]，甜瓜根际 CO_2 浓度升高或氧含量降低植株生长受到抑制，可溶性蛋白含量降低，谷氨酸合成酶、硝酸盐、氨基酸、热稳定蛋白、多胺及 H_2O_2 含量均升高，根系有氧呼吸受到明显抑制，果实发育受到影响[⑤⑥]。

改善土壤气体环境能够间接增强根区土壤酶活性，提高根系有氧呼吸，改善水肥

①FAO. Food and agricultural commodities production for 2013[EB/OL]. http：//faostat3.fao.org/home/index.html.

②BLOKHINA O. Antioxidants，oxidative damage and oxygen deprivation stress：A Review[J]. Annals of Botany，2003，91（2）：179-194.

③王国庆，何明，封克. 温室土壤盐分在浸水淹灌作用下的垂直再分布[J]. 扬州大学学报，2004（03）：51-54.

④HORCHANI F，GALLUSCI P，BALDET P，et al. Prolonged root hypoxia induces ammonium accumulation and decreases the nutritional quality of tomato fruits[J]. Journal of Plant Physiology，2008，165（13）：1352-1359.

⑤刘义玲，孙周平，李天来，等. 根际CO_2浓度升高对网纹甜瓜光合特性及产量和品质的影响[J]. 应用生态学报，2013（10）：2871-2877.

⑥刘义玲，李天来，孙周平，等. 根际CO_2浓度对网纹甜瓜生长和根系氮代谢的影响[J]. 中国农业科学，2010（11）：2315-2324.

吸收速率，利于作物生长发育，提高产量[1][2][3]。目前已初步探明，加气灌溉能够改善甜瓜口感风味，同时获得更好的果型指数以取得更好的经济效益[4]。因此，加气灌溉不仅可以改善作物植株的生长，还可以提高作物的产量与品质。本章以大棚甜瓜和番茄为研究对象，研究加气灌溉对大棚蔬菜产品、品质的影响。

本章节，我们采用田间试验与盆栽试验相结合的方式，考虑加气频率和滴灌带埋深等因素，研究加气灌溉对甜瓜和番茄产量及关键品质指标的影响。我们测定了甜瓜和番茄的产量、果实大小、果实质量和糖度等关键品质指标，以阐明加气灌溉对甜瓜和番茄品质的影响规律。在试验过程中，我们将设置不同的加气频率和滴灌带埋深等处理组合，并将甜瓜和番茄分为不同组别进行试验。我们将记录每个处理组合下的产量和果实质量，并使用折射仪测定果实的糖度。此外，我们还将测定果实的大小、果皮厚度和果肉厚度等关键品质指标。我们将使用数码卡尺测量果实的大小，并使用数码卡尺测量果皮厚度和果肉厚度。通过比较不同处理组合之间的产量和关键品质指标，我们将得出加气灌溉对甜瓜和番茄产量及品质的影响规律。这将有助于我们更好地了解加气灌溉对甜瓜和番茄产量和品质的调控机制，并为农业生产提供有效的作物管理策略。此外，本研究的结果还将为加气灌溉技术的应用提供重要的理论依据和实践指导，有助于提高甜瓜和番茄的生产效益和品质。

试验地概况及试验方案见第三章3.1节，电子秤称量单果质量和单株产量，并换算成单位面积产量。果实形态指标（果实纵、横径、肉厚）利用电子游标卡尺测定。每株选取成熟度一致的三个果实混合打成匀浆用于品质测定。果实总固形物用手持测糖仪测定；可溶性蛋白质采用考马斯亮蓝G-205染色法测定；可溶性糖与可滴定酸分别

---

[1]HEUBERGER H，LIVET J，SCHNITZLER W. Effect of soil aeration on nitrogen availability and growth of selected vegetables-preliminary results[J]. Acta Horticulturae，2001，563：147-154.

[2]ITYEL E，BEN-GAL A，SILBERBUSH M，et al. Increased root zone oxygen by a capillary barrier is beneficial to bell pepper irrigated with brackish water in an arid region[J]. Agricultural Water Management，2014，131：108-114.

[3]ITYEL E，LAZAROVITCH N，SILBERBUSH M，et al. An artificial capillary barrier to improve root-zone conditions for horticultural crops：response of pepper，lettuce，melon，and tomato[J]. Irrigation Science，2012，30（4）：293-301.

[4]谢恒星，蔡焕杰，张振华. 温室甜瓜加氧灌溉综合效益评价[J]. 农业机械学报，2010（11）：79-83.

用蒽酮比色法和碱滴定法测定，并计算糖酸比（可溶性糖/可滴定酸）[1][2]；维生素C利用钼蓝比色法测定；番茄红素利用二氯甲烷和石油醚等溶剂提取[3]。土壤水分测定采用土钻取土，烘干法测定土壤质量含水率。灌溉水分利用效率（irrigation water use efficiency，iWUE）计算如下：iWUE=Y/I。式中：iWUE为灌溉水分利用效率（$kg \cdot m^{-3}$）；Y为产量或成熟期植株干质量（kg，不含果实部分）；i为实际灌水量（m^3）。

8.1 根区加气对大棚甜瓜产量及品质的影响

8.1.1 根区加气对甜瓜果实品质的影响

8.1.1.1 对果实形态的影响

加气频率、灌水上限、滴灌带埋深对甜瓜果实形态的影响见表8-1。D25A1I90、D40A1I70和D25A2I70处理果实纵径达最大值，D25A2I70处理果实横径达最大值，D25A1I90处理果肉厚度达到最大值，每天加气1次处理平均单果质量均达到最大值。滴灌带埋深和加气频率对果实纵、横径，果肉厚，单果质量均有极显著影响，灌水上限仅对单果质量有显著影响。交互作用下，滴灌带埋深和加气频率对果实形态指标均无显著影响，滴灌带埋深和灌水上限对果实形态指标均有极显著影响，加气频率和灌水上限对果肉厚有显著性影响，对果实纵、横径，单果质量有极显著影响。甜瓜皮厚介于0.19~0.24 mm之间，纵横比介于1.12~1.16之间，但各处理之间无显著性差异，为节省篇幅该数据在表8-1中略去。

表8-1　加气灌溉对甜瓜果实形态的影响

处理	果实纵径 / cm	果实横径 / cm	肉厚 / cm	平均单果质量 /g
D10ANI70	9.14 ± 1.01d	8.13 ± 0.89f	1.94 ± 3.3c	358.7 ± 73.7bc
D10A1I80	10.87 ± 1.32abc	9.79 ± 1.21abcd	2.29 ± 2.2ab	427.1 ± 24.7a
D10A2I90	10.98 ± 0.94abc	9.90 ± 0.89abcd	1.91 ± 2.4c	375.7 ± 23.6abc
D10A4I70	9.71 ± 1.19cd	8.72 ± 1.05def	1.88 ± 3.6c	341.5 ± 13.7bcd

---

①李合生.植物生理生化实验原理和技术[M].高等教育出版社，2006：140-152.

②张志良，瞿伟菁.植物生理学实验指导[M].北京：高等教育出版社，2003：220-270.

③张连富，丁霄霖.番茄红素简便测定方法的建立[J].食品与发酵工业，2001（03）：51-55.

续表

处理	果实纵径 / cm	果实横径 / cm	肉厚 / cm	平均单果质量 /g
D25ANI80	10.44 ± 1.03bcd	9.29 ± 0.90cdef	1.95 ± 2.4c	387.7 ± 87.1ab
D25A1I90	12.03 ± 1.71a	10.74 ± 1.55ab	2.36 ± 2.1a	429.8 ± 34.0a
D25A2I70	12.21 ± 0.42a	10.97 ± 0.36a	2.30 ± 2.1ab	429.3 ± 45.2a
D25A4I80	10.91 ± 0.89abc	9.86 ± 0.79abcd	2.28 ± 3.5ab	392.9 ± 18.4ab
D40ANI90	9.52 ± 0.99d	8.55 ± 0.85ef	1.70 ± 2.3c	289.6 ± 16.8d
D40A1I70	12.03 ± 0.97a	10.76 ± 0.82ab	2.27 ± 2.0ab	423.2 ± 49.4a
D40A2I80	11.36 ± 0.63ab	9.99 ± 0.61abc	1.97 ± 2.1bc	345.4 ± 28.4bc
D40A4I90	11.00 ± 0.95abc	9.71 ± 0.70bcde	1.98 ± 1.6bc	325.5 ± 37.6cd
F-value				
埋深（D）	6.949**	8.086**	5.125**	12.921**
加气频率（A）	13.611**	14.132**	9.305**	12.837**
灌水上限（I）	0.100ns	0.071ns	1.212ns	4.594*
D×A	0.488ns	0.486ns	1.180ns	1.567 ns
D×I	8.381**	8.887**	5.493**	10.281**
A×I	3.257**	3.158**	2.696*	4.343**

注：表中 9.14±1.01 表示平均值 ± 标准差，同列数据后不同字母表示差异显著性水平，小写字母为 $P<5\%$。* 和 ** 分别代表 $P<5\%$ 和 $P<1\%$ 水平上差异显著，ns 表示差异不显著（$P>5\%$）。

极差分析结果（表 8-2）表明，三因素对果实横径、纵径、果肉厚的影响由大到小依次为：加气频率、滴灌带埋深和灌水上限。滴灌带埋深 25 cm 时，果实横径、纵径、果肉厚达到最大值；埋深 40 cm 时，果实横径、纵径次之；埋深 10 cm 时横径、纵径最小，但果肉厚度的最小值出现于埋深 40 cm。果实横径、纵径、果肉厚均随加气频率的升高而升高。灌水上限对果实形态指标影响较小，灌水上限为田间持水量的 80% 时果形指标均达到最大值，但 90% 田间持水量时果肉厚度降低。提高果实横径、纵径、果肉厚的最优处理组合为 D25A1I80。

表 8-2 根区加气技术对甜瓜果实形态的影响极差分析

处理		果实纵径 / cm	果实横径 / cm	肉厚 / cm
滴灌带埋深（D）	D10	10.17	9.14	2.01
	D25	11.40	10.21	2.22
	D40	10.98	9.75	1.98
	极差	1.22	1.08	0.24
加气频率（A）	A1	11.64	10.43	2.31
	A2	11.52	10.29	2.06
	A4	10.54	9.43	2.05
	AN	9.70	8.66	1.86
	极差	1.95	1.77	0.44
灌水控制上限（I）	I70	10.77	9.64	2.10
	I80	10.89	9.73	2.12
	I90	10.88	9.73	1.99
	极差	0.12	0.09	0.13

8.1.1.2 对果实品质的影响

加气频率、灌水上限、滴灌带埋深对果实品质的影响见表 8-3。D40A1I70 处理果实总固形物（total soluble solid，TSS）含量、可溶性蛋白、可溶性总糖含量均达到最大值。D25A1I90 处理维生素C含量最高。试验处理对可滴定酸及糖酸比无显著影响。单因素中滴灌带埋深仅对可溶性总糖有显著影响，对其他品质指标均无显著影响。加气频率对边缘TSS含量及可溶性总糖有极显著影响，对中心TSS含量有显著性影响。灌水上限对品质指标均无显著性影响。交互作用中，滴灌带埋深和加气频率仅对边缘TSS含量有极显著影响，对其他品质指标均无显著性影响。滴灌带埋深和灌水上限对边缘TSS含量及可溶性糖有极显著影响，对中心TSS含量有显著性影响。加气频率和灌水上限对边缘TSS含量及可溶性总糖有极显著影响。

表 8-3　加气灌溉对甜瓜果实品质的影响

处理	总固形物 /%		可溶性蛋白 / mg·g⁻¹	可滴定酸 %	可溶性糖 （mg·g⁻¹）	糖酸比	维生素 C/ （mg·kg⁻¹）
	边缘含量	中心含量					
D10ANI70	5.0 ± 0.5e	11.9 ± 1.3abc	0.89 ± 0.11c	0.19 ± 0.04a	21.7 ± 0.3d	120.1 ± 23.2a	14.8 ± 1.0ab
D10A1I80	6.9 ± 0.7ab	12.7 ± 1.1ab	1.09 ± 0.11ab	0.19 ± 0.02a	23.3 ± 1.5bc	122.8 ± 17.4a	14.0 ± 2.0b
D10A2I90	6.4 ± 1.4abc	11.5 ± 1.2bc	0.97 ± 0.21abc	0.17 ± 0.02a	23.6 ± 1.2abc	144.3 ± 24.1a	14.7 ± 1.2ab
D10A4I70	5.2 ± 0.7de	10.7 ± 1.4c	1.04 ± 0.09abc	0.17 ± 0.03a	23.2 ± 1.5bcd	139.3 ± 25.5a	15.0 ± 1.2ab
D25ANI80	6.1 ± 0.7bcd	12.0 ± 1.2abc	1.01 ± 0.17abc	0.18 ± 0.02a	22.7 ± 1.4bcd	128.0 ± 12.5a	14.1 ± 2.2b
D25A1I90	6.6 ± 0.7ab	12.4 ± 0.3ab	1.06 ± 0.13abc	0.19 ± 0.04a	24.2 ± 1.6ab	132.1 ± 28.7a	16.3 ± 0.4a
D25A2I70	6.9 ± 0.7ab	11.8 ± 1.3abc	1.06 ± 0.15abc	0.20 ± 0.03a	24.2 ± 1.3ab	130.5 ± 24.8a	14.7 ± 1.2ab
D25A4I80	6.8 ± 0.7ab	12.5 ± 1.5ab	0.96 ± 0.10abc	0.20 ± 0.03a	24.1 ± 1.3ab	123.7 ± 12.4a	14.6 ± 1.2b
D40ANI90	6.8 ± 0.7ab	12.3 ± 1.3ab	1.07 ± 0.12ab	0.17 ± 0.03a	23.2 ± 1.2bcd	141.4 ± 30.9a	14.2 ± 0.4b
D40A1I70	7.3 ± 1.0a	13.3 ± 0.3a	1.10 ± 0.08a	0.18 ± 0.02a	25.2 ± 0.7a	140.3 ± 18.1a	15.0 ± 0.5ab
D40A2I80	6.0 ± 0.9bcd	12.0 ± 1.1abc	1.08 ± 0.16ab	0.19 ± 0.04a	23.7 ± 0.6abc	130.7 ± 25.2a	14.9 ± 0.6ab
D40A4I90	5.5 ± 0.8cde	11.8 ± 1.2abc	0.91 ± 0.12bc	0.19 ± 0.03a	22.4 ± 0.7cd	119.3 ± 19.7a	14.9 ± 1.6ab
F-value							
埋深（D）	1.659ns	2.210ns	0.658ns	0.667ns	3.433*	0.193ns	.402ns
加气频率（A）	6.440**	3.373*	2.362ns	0.403ns	7.110**	0.380ns	.968ns
灌水上限（I）	1.219 ns	0.622ns	0.596ns	0.571ns	0.164ns	0.828ns	2.300ns
D × A	3.848**	1.047ns	1.702ns	0.834ns	2.077ns	1.366ns	1.891ns
D × I	7.251**	2.751*	1.683ns	0.404ns	4.980**	0.675ns	2.102ns
A × I	4.923**	1.577ns	1.797ns	0.883ns	3.167**	1.168ns	1.441ns

注：表中 5.0±0.5 表示平均值 ± 标准差，同列数据后不同字母表示差异显著性水平，小写字母为 P<5%。* 和 ** 分别代表 P<5% 和 P<1% 水平上差异显著，ns 表示差异不显著（P>5%）。

极差分析结果（表 8-4）显示，D25A1I80 处理边缘 TSS 含量达最大值，但 D40A1I80 处理中心 TSS 含量达到最大值。埋深 25 cm 下边缘 TSS 含量最高，但中心 TSS 含量有随埋深增加而增加的趋势。随加气频率的升高 TSS 含量均升高，但 4 d 加气 1 次边缘 TSS 含量略低于不加气处理。最适宜的灌水上限为田间持水量的 80%，提高或降低灌水上限 TSS 含量均降低。对可溶性总糖及维生素 C 分析表明，最适宜的埋深均为

25 cm，埋深 40 cm可溶性总糖及维生素C含量次之，埋深 10 cm最低。可溶性总糖及维生素C含量均随加气频率的升高而升高。可溶性总糖含量随灌水控制上限的升高而降低，灌水上限为 90%田间持水量时维生素C含量最高，70%田间持水量维生素C含量次之，80%田间持水量维生素C含量最低。

表 8-4　根区加气技术对甜瓜果实品质的影响极差分析

处理		总固形物 /%		可溶性糖 / mg·g⁻¹	维生素 C/ （mg·kg⁻¹）
		边缘含量	中心含量		
滴灌带埋深（D）	D10	5.88	11.68	22.94	14.63
	D25	6.56	12.16	23.80	14.95
	D40	6.40	12.36	23.61	14.74
	极差	0.68	0.68	0.86	0.32
加气频率（A）	A1	6.92	12.79	24.23	15.08
	A2	6.43	11.79	23.84	14.79
	A4	5.81	11.67	23.21	14.85
	AN	5.96	12.04	22.52	14.38
	极差	1.10	1.12	1.71	0.69
灌水控制上限（I）	I70	6.07	11.93	23.56	14.89
	I80	6.45	12.28	23.43	14.40
	I90	6.32	12.00	23.36	15.04
	极差	0.37	0.35	0.19	0.65

8.1.2 根区加气对甜瓜产量和灌溉水分利用效率的影响

加气灌溉对甜瓜产量及灌溉水分利用效率的影响见表 8-5。D40A1I70 处理产量及灌溉水分利用效率均最高，其次，D25A1I90、D25A2I70 及 D10A1I80 处理产量也显著高于其他处理。同等埋深下产量有随加气频率升高而升高的趋势。极差分析表明（表 8-6），三因素对产量水分利用效率的影响由大到小依次为灌水上限、加气频率、滴灌带埋深；对产量的影响由大到小顺序依次为加气频率、滴灌带埋深和灌水上限。埋深 25 cm时产量及产量灌水利用效率均最高，但干物质量、灌水利用效率随滴灌带埋深的增加而增加。产量和灌水利用效率均随加气频率的升高而升高。灌水至田间持水量的 90%时产量有降低趋势，而水分利用效率均随灌水上限的升高而降低。产量及灌溉水分利用效率的最优处理组合均为D25A1I70。

表 8-5　加气灌溉对甜瓜产量及灌溉水分利用效率的影响

处理	总灌水量 /mm	产量 /（t·ha^{-1}）	灌溉水分利用效率 iWUE	
			干物质量水分利用效率 /（kg·m^{-3}）	产量水分利用效率 /（kg·m^{-3}）
D10ANI70	149.10	29.96 ± 9.58ab	6.79 ± 0.53bc	20.09 ± 7.02abc
D10A1I80	196.43	35.64 ± 3.02a	6.51 ± 1.27bc	18.14 ± 1.37bcd
D10A2I90	240.21	31.32 ± 2.78ab	5.02 ± 1.28c	13.04 ± 1.93de
D10A4I70	171.11	28.42 ± 0.76ab	6.26 ± 1.07bc	16.61 ± 1.35cde
D25ANI80	215.97	32.45 ± 11.45ab	6.27 ± 1.41bc	18.02 ± 5.74bcd
D25A1I90	227.14	35.98 ± 4.14a	8.02 ± 2.98bc	15.84 ± 4.28cde
D25A2I70	153.39	35.95 ± 5.49a	9.14 ± 3.48b	23.43 ± 4.30ab
D25A4I80	190.78	32.83 ± 1.99ab	7.11 ± 1.54bc	17.21 ± 1.29bcde
D40ANI90	227.46	24.25 ± 1.92b	5.55 ± 1.48bc	10.66 ± 1.13e
D40A1I70	138.26	35.43 ± 6.37a	14.73 ± 2.93a	25.63 ± 2.69a
D40A2I80	193.15	28.88 ± 3.59ab	9.27 ± 2.76b	14.95 ± 3.99cde
D40A4I90	237.04	27.23 ± 4.91ab	6.22 ± 0.51bc	11.49 ± 1.87de

注：表中同列数据后不同字母表示差异显著性水平，小写字母为 $P<5\%$。

表 8-6　加气灌溉对甜瓜产量及灌溉水利用效率的影响极差分析

因素	产量 /（t·ha^{-1}）	灌溉水分利用效率 iWUE	
		干物质量灌溉水分利用效率 /（kg·m^{-3}）	产量灌溉水分利用效率 /（kg·m^{-3}）
滴灌带埋深（D）	2.256ns	5.788**	1.562ns
D10	31.33 ± 2.94a	6.15 ± 0.87b	17.04 ± 2.10a
D25	34.30 ± 3.61a	7.64 ± 1.68ab	18.77 ± 3.12a
D40	28.95 ± 0.89a	8.94 ± 0.96a	15.76 ± 1.32a
加气频率（A）	2.769ns	5.747**	2.956ns
A1	35.68 ± 2.41a	9.75 ± 0.32a	19.98 ± 1.17a
A2	32.05 ± 3.09a	7.81 ± 2.14ab	17.38 ± 2.81a
A4	29.49 ± 2.18a	6.53 ± 0.63b	15.12 ± 0.79a
AN	28.88 ± 6.59a	6.20 ± 0.43b	16.28 ± 3.84a
灌水上限（I）	0.974ns	6.963**	18.211**
I70	32.44 ± 1.91a	9.23 ± 0.75a	21.54 ± 2.00a

续表

因素	产量 /（t·ha⁻¹）	灌溉水分利用效率 iWUE	
		干物质量灌溉水分利用效率 /（kg·m⁻³）	产量灌溉水分利用效率 /（kg·m⁻³）
I80	32.45 ± 3.03a	7.29 ± 0.66b	17.15 ± 1.22b
I90	29.69 ± 2.25a	6.20 ± 0.78b	12.88 ± 1.62c
交互			
I x D	2.423ns	5.694**	2.677ns
I x A	0.941ns	3.996**	1.161ns
D x A	0.340ns	4.388**	6.178**

注：表中同列数据后不同字母表示差异显著性水平，小写字母为 $P<5\%$，*和**分别代表 $P<5\%$ 和 $P<1\%$ 水平上差异显著，ns 表示差异不显著（$P>5\%$）。

8.2 根区加气对大棚番茄产量及品质的影响

8.2.1 根区加气对番茄产量的影响

图 8–1 为两种滴灌带埋深下不同加气量处理对番茄产量的影响。从图 8–1 可看出，两种滴灌带埋深下加气处理番茄产量均高于不加气处理。滴灌带埋深 15 cm 下，第一穗果重及番茄总产量均随加气量的升高呈先升高后降低趋势，均在 V2 处理下达最大值，V2 处理总产量较 V0 处理增产 59.0%。滴灌带埋深 40 cm 下，随加气量的升高番茄第一穗果重和总产量均呈升高趋势，第二穗果重随加气量的升高呈先升高后降低趋势。

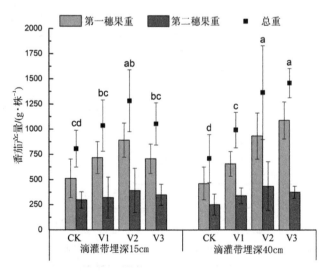

图 8–1　不同滴灌带埋深和加气量处理组合对番茄第一穗
果重、第二穗果重及番茄总产量的影响

157

图 8-2 为番茄第一穗果重（a）和单株番茄总重（b）对加气处理的响应曲线。由图 8-2 可看出，40 cm 滴灌带埋深下，番茄第一穗果重和总重量均随加气量的升高而升高，V3 处理下番茄产量均达最大值。但 15 cm 滴灌带埋深下，过量加气番茄第二穗果重有降低趋势。

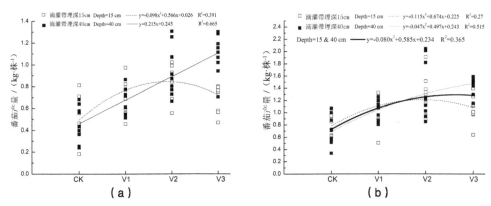

图 8-2　番茄第一穗果重（a）和单株番茄总重（b）对加气处理的响应

8.2.2 根区加气对番茄果实形态和水分利用效率的影响

由表 8-7 可知，单因素中加气量对番茄总产量及灌溉水分利用效率有极显著影响，对果实纵径有显著性影响。滴灌带埋深对番茄产量相关指标及灌溉水分利用效率均无显著性影响。滴灌带埋深和加气量交互作用对平均单果重及果实横径有显著性影响，对其他指标均无显著性影响。

表 8-7　不同滴灌带埋深和加气量处理对番茄产量相关指标及灌溉水分利用效率的影响

指标	处理								F 值 F-value		
	CK		V1		V2		V3		V	D	V×D
	D15	D40	D15	D40	D15	D40	D15	D40			
总产量 / (t/ha⁻¹)	25.49bc	22.43c	32.74abc	31.32abc	40.53ab	43.07a	33.30abc	46.06a	5.989**	0.666ns	1.148ns
果实数量 / 个	24a	20a	22a	21a	24a	24a	24a	26a	0.589ns	0.040ns	0.355ns
单果重 /g	133.88ab	124.90b	155.30a	128.85b	120.68b	141.16ab	128.28b	136.50ab	.988ns	0.096ns	3.348*
果实横径 /mm	60.06c	61.09bc	66.93a	62.06bc	62.50bc	64.82ab	61.86bc	63.74abc	2.135ns	0.105ns	2.983*
果实纵径 /mm	55.72b	55.13b	56.81ab	56.98ab	58.56ab	56.41ab	56.35ab	59.64a	2.709*	0.176ns	1.701ns
灌溉水分利用效率 / (kg·m⁻³)	15.45bc	13.59c	19.84abc	18.98abc	24.57ab	26.11a	20.18abc	27.91a	5.989**	0.667ns	1.148ns

注：同行数据后不同字母表示差异显著性水平，小写字母为 P<5%。* 和 ** 分别代表 P<5% 和 P<1% 水平上差异显著，ns 表示差异不显著（P>5%）。

CK处理下滴灌带埋深 15 和 40 cm番茄总产量分别为 25.49 和 22.43 t·ha⁻¹，V3 加气量下产量分别升高至 33.30 和 46.06 t·ha⁻¹（表 8-7）。试验中两因素均对果实个数无显著性影响（$P>5\%$）。在V1D15 处理组合下番茄平均单果重量及果实横径均达到最大值，V3D40 处理下果实纵径达到最大值。

试验结果表明，滴灌带埋深为 15 cm时，灌溉水分利用效率呈先升高后降低趋势，由大到小顺序依次为V2>V3>V1>CK。滴灌带埋深为 40 cm时，V2 和 V3 处理灌溉水分利用效率最优。

图 8-3 为果实横径（a）、纵径（b）与单果重量的相关关系，由图 8-3 可知，果实横径与单果重量的线性拟合方程为：y=0.165x+40.73（R^2=0.909），果实纵径与单果重量的线性拟合方程为：y=0.109x+42.12（R^2=0.726）。表明，果实横径的大小与果实重量的相关性要高于纵径与果实重量的相关性。

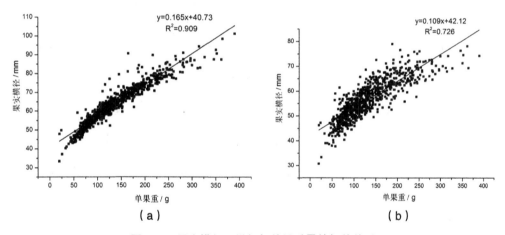

（a）　　　　　　　　　　　　　（b）

图 8-3　果实横径、纵径与单果重量的相关关系

8.2.3 根区加气对番茄品质的影响

表 8-8 为不同处理组合对番茄维生素C及番茄红素的影响，由表 8-8 可看出滴灌带埋深和加气量均对果实维生素C含量无显著影响。但从表中仍可看出，两种滴灌带埋深下，随加气量的升高，果实维生素C含量呈升高趋势。加气处理能够显著提高果实番茄红素含量，试验中加气处理果实番茄红素含量均高于未加气处理。但过量加气（V3），番茄红素含量有降低趋势。

表 8-9 为不同处理组合对番茄总固形物、滴定酸及糖酸比的影响。两种滴灌带埋深下加气处理均对番茄总固形物和糖酸比有极显著影响（$P<1\%$），加气量处理对于

15 cm埋深下番茄滴定酸也有极显著影响。滴灌带埋深对番茄滴定酸和糖酸比有极显著影响（$P<1\%$）。两因素交互作用对果实总固形物和糖酸比有极显著影响（$P<1\%$），对果实滴定酸有显著性影响（$P<5\%$）。由表 8-9 可看出，滴灌带埋深 15 cm时，总固形物随加气量的升高而降低。滴灌带埋深 40 cm时，V2 处理番茄总固形物最低，但总固形物的最高值出现于V3 处理。两种滴灌带埋深下，果实滴定酸的最高值均出现于CK处理。40 cm滴灌带埋深下，滴定酸含量随加气量的升高而降低，由CK处理的 0.37% 降低到V3 处理的 0.22%。但 15 cm滴灌带埋深下，滴定酸随加气量的升高而升高，由V1处理的 0.32%升高到V3 处理的 0.37%。不同处理组合对番茄糖酸比的影响与维生素C影响规律相似。滴灌带埋深 40 cm下，糖酸比随加气量的升高而升高。滴灌带埋深 15 cm下，随加气量的升高糖酸比呈降低趋势，但加气处理糖酸比均高于不加气处理。

表 8-8 不同滴灌带埋深和加气量处理对番茄果实维生素 C 及番茄红素的影响

处理	维生素 C 含量 /mg·100g⁻¹				番茄红素含量 /μg·g⁻¹			
	D15	D40	T-test	均值 Mean	D15	D40	T-test	均值 Mean
CK	20.6 ± 1.8b	20.9 ± 2.2b	ns	20.8 ± 1.9a	32.77 ± 7.29b	42.64 ± 13.06b	ns	37.70 ± 11.45b
V1	24.3 ± 7.1ab	25.9 ± 4.0ab	ns	25.1 ± 5.6a	47.16 ± 17.94a	72.93 ± 21.42a	*	60.04 ± 23.31a
V2	26.5 ± 1.6ab	26.8 ± 4.4ab	ns	26.6 ± 3.2a	42.81 ± 12.57ab	60.73 ± 21.26ab	*	51.77 ± 19.29a
V3	28.5 ± 14.4a	30.1 ± 13.0a	ns	29.3 ± 13.4a	33.38 ± 4.82b	43.20 ± 21.44b	ns	38.29 ± 15.90b
F 值 F-value								
加气量（V）	1.543ns（D15）	2.483ns（D40）	—	—	3.265*（D15）	5.033**（D40）	—	—
滴灌带埋深（D）	0.272ns		—	—	17.242**		—	—
交互（V×D）	0.048ns		—	—	1.001ns		—	—

注：表中 20.6±1.8表示平均值 ± 标准差，同列数据后不同字母表示差异显著性水平，小写字母为 $P<5\%$。* 和 ** 分别代表 $P<5\%$ 和 $P<1\%$ 水平上差异显著，ns 表示差异不显著（$P>5\%$）。

表 8-9　不同滴灌带埋深和加气量处理对番茄果实总固形物、滴定酸及糖酸比的影响

处理	总固形物/%				滴定酸/%				糖酸比			
	D15	D40	T-test	均值	D15	D40	T-test	均值	D15	D40	T-test	均值
CK	5.53±0.09a	5.11±0.20bc	**	5.32±0.26a	0.52±0.09a	0.37±0.13a	*	0.44±0.13a	11.05±2.12b	15.48±5.01b	*	13.27±4.37b
V1	5.29±0.13a	5.17±0.48b	ns	5.23±0.35a	0.32±0.11b	0.32±0.05ab	ns	0.32±0.08b	18.64±6.34a	16.66±3.52b	ns	17.65±5.08ab
V2	4.90±0.41b	4.74±0.20c	ns	4.82±0.32b	0.36±0.05b	0.29±0.15ab	ns	0.33±0.11b	13.70±1.72b	20.56±9.48ab	*	17.13±7.50ab
V3	4.39±0.26c	5.66±0.54a	**	5.02±0.77ab	0.37±0.05b	0.22±0.03b	**	0.30±0.09b	12.02±1.29b	25.83±4.74a	**	18.93±7.86a
	F 值 F-value											
加气量（V）	34.243**	8.349**	—	—	10.158**	3.077*	—	—	8.313**	5.223**	—	—
滴灌带埋深（D）	3.336ns		—	—	17.920**		—	—	24.128**		—	—
交互（V×D）	24.122**		—	—	2.752*		—	—	7.685**		—	—

注：表中 5.53±0.09 表示平均值±标准差，同列数据后不同字母表示差异显著性水平，小写字母为上差异显著，同列数据后同字母表示差异不显著（$P>5\%$）。* 和 ** 分别代表 $P<5\%$ 和 $P<1\%$ 水平，ns 表示差异不显著（$P>5\%$）。

表 8-10 为不同品质指标间的相互关系，从表 8-10 可看出，仅总固形物与糖酸比呈极显著正相关关系。糖酸比和滴定酸呈极显著负相关关系。维生素 C 含量和番茄红素含量与各品质指标间相互关系均未达到显著水平。

表 8-10 番茄品质指标间的相关关系

测定指标	维生素 C 含量	番茄红素含量	总固形物	滴定酸	糖酸比
维生素 C 含量	1	—	—	—	—
番茄红素含量	0.046	1	—	—	—
总固形物	−0.044	−0.019	1	—	—
滴定酸	−0.148	−0.135	−0.009	1	—
糖酸比	0.115	0.109	0.345**	−0.878**	1

注：* 和 ** 分别表示在 5% 和 1% 水平上显著相关。

8.3 根区加气对盐胁迫下番茄产量及品质的影响

8.3.1 对盐胁迫下番茄产量的影响

由于本试验采用盆栽试验，且全生育阶段未追肥，所以番茄产量较大田试验低。由表 8-11 可知，根区加气处理和盐分胁迫均对番茄产量有极显著影响（$P<1\%$）。盐分胁迫显著降低了番茄的产量，根区加气可显著提高盐土种植番茄的产量。当 Na^+ 浓度为 29 mM 时，A2 处理产量与 CK 处理无显著差异。Na^+ 浓度为 29 和 121 mM 时，番茄产量随加气量的升高呈先升高后降低趋势，A2 处理产量最高。Na^+ 浓度为 75 mM 时，番茄产量随加气量的升高而升高。说明根区加气对盐胁迫番茄产量的降低具有一定的补偿作用。

表 8-11 加气量对盐土种植番茄产量的影响

加气量（A）	土壤 Na^+ 浓度（S）/（g·株$^{-1}$）				
	CK	S1	S2	S3	均值
AN	173A	111Bc	73Cb	—	119
A1	—	132bc	85ab	23	97
A2	—	170Aa	109Ba	72C	123
A3	—	152Aab	113Ba	61C	114

续表

加气量（A）	土壤 Na$^+$ 浓度（S）/（g·株$^{-1}$）				
	CK	S1	S2	S3	均值
均值	173A	141B	95C	58D	114
F 值 F-value	21.634**（加气量/A）　97.865**（Na$^+$ 浓度/S）　0.894ns（交互作用）				

注：大写字母为每一行的显著性，$P<5\%$。小写字母为每一列的显著性，$P<5\%$。* 和 ** 分别代表 $P<5\%$ 和 $P<1\%$ 水平上差异显著，ns 表示差异不显著（$P>5\%$）。由于 S3AN 全部死亡，S3A1 仅 1 株存活，S3A2、S3A3 仅 2 株存活，自由度不足，故 A1 行及 S3 列没有计算显著性。

8.3.2　加气对番茄果实品质的影响

表 8-12 为不同加气处理对盐土种植番茄品质的影响。由于 121 mM Na$^+$ 胁迫下未加气处理植株全部死亡，加气处理番茄产量也非常低，因此表 8-12 中略去S3 处理番茄产量的数据。从表 8-12 可看出不同处理对番茄总固形物、维生素C、可溶性糖、可滴定酸、糖酸比均有显著影响，对番茄红素无显著性影响。各处理下番茄总固形物、维生素C及可溶性糖含量均高于CK处理，当Na$^+$ 浓度在 6~75 mM 时，各指标随Na$^+$ 浓度升高而升高。29 mM Na$^+$ 胁迫下番茄总固形物、维生素C含量随土壤加气量的升高而升高；75mM Na$^+$ 胁迫下总固形物随加气量的升高呈先升高后降低趋势，维生素C及可溶性糖含量均随加气量的升高而升高。可滴定酸总体上随土壤Na$^+$ 胁迫程度的升高而升高，随加气量的升高而降低，说明盐分胁迫增加了番茄滴定酸含量，而根区加气可降低番茄滴定酸含量（$P<1\%$）。同一Na$^+$ 胁迫程度下，加气处理糖酸比均高于未加气处理，29 和 75 mM Na$^+$ 胁迫下A3 处理糖酸比均高于CK处理。

表 8-12　加气量对盐土种植番茄品质的影响

处理	总固形物	维生素C含量（mg·100g^{-1}）	番茄红素含量（μg·g^{-1}）	可溶性糖含量（mg·g^{-1}）	可滴定酸/%	糖酸比
CK	4.43c	23.4b	35.4a	39.0b	0.38e	104.2bc
S1AN	4.57bc	24.9ab	34.7a	40.7b	0.57b	72.1c
S1A1	4.73abc	25.6ab	35.7a	47.2ab	0.47cd	100.9bc
S1A2	5.13abc	29.5ab	35.7a	46.2ab	0.46d	99.9bc
S1A3	5.27abc	29.8ab	36.0a	51.5ab	0.32e	162.6a
S2AN	5.63ab	26.2ab	35.0a	41.9b	0.66a	63.8c

续表

处理	总固形物	维生素 C 含量（mg·100g⁻¹）	番茄红素含量（μg·g⁻¹）	可溶性糖含量（mg·g⁻¹）	可滴定酸/%	糖酸比
S2A1	5.87a	27.7ab	37.4a	51.9ab	0.53bc	98.6bc
S2A2	5.70ab	33.4ab	37.0a	52.0ab	0.44d	118.4b
S2A3	5.47abc	35.4a	37.4a	59.4a	0.34e	175.0a
F-value						
加气量（A）	0.333ns	2.393ns	0.372ns	2.516ns	73.322**	20.898**
土壤 NaCl 浓度（S）	6.010**	1.169ns	0.385ns	0.968ns	52.337**	2.731**

注：同列数据后不同字母表示差异显著性水平，小写字母为 $P<5\%$ 。* 和 ** 分别代表 $P<5\%$ 和 $P<1\%$ 水平上差异显著，ns 表示差异不显著（$P>5\%$）。

8.4 讨论

8.4.1 根区加气对大棚甜瓜产量及品质的影响

作物的产量受自身遗传因子和环境因子的双重影响，植株根际土壤水分、养分、盐分、气体、温度和紧实度是影响作物产量的主要土壤环境因子[1]。土壤气体对植株的作用与土壤水分、养分同等重要，低氧胁迫导致作物蒸腾减少，养分吸收受到限制，抑制植株生长，必然会影响到作物的产量及品质[2]。然而土壤中水气两相是一对矛盾体，传统灌溉方式在满足作物水分需求的同时，驱排土壤气体，导致土壤中氧含量降低[3]。O_2 对于作物生长至关重要，在有氧呼吸过程中氧是线粒体电子传递链的电子受体，是有氧呼吸中ATP生成的必备条件之一。前人研究表明，低氧胁迫下根细胞线粒体、蛋白质结构受到破坏，细胞能荷降低，细胞质酸中毒，抑制植株生长，甚至导致死亡[4]。对土壤加气加快了土壤中气体的交换，提高了土壤中氧的含量，保障了根系生理活动

---

[1] BOYER J S. Plant productivity and environment [J]. Science，1982，218：443-448.

[2] BIEMELT，KEETMAN，ALBRECHT. Re-aeration following hypoxia or anoxia leads to activation of the antioxidative defense system in roots of wheat seedlings [J]. Plant Physiology，1998，116（2）：651-658.

[3] RIEU M，SPOSITO G. Fractal fragmentation，soil porosity，and soil water properties：I. Theory [J]. Soil Science Society of America Journal，1991，55（5）：1231-1238.

[4] DREW M C. Oxygen deficiency and root metabolism：injury and acclimation under hypoxia and anoxia [J]. Annual Review of Plant Physiology and Plant Molecular Biology，1997，48：223-250.

的顺利进行。本试验结果表明，采用空气压缩机借助地下滴灌带对土壤加气能够有效提高甜瓜品质。土壤加气有效缓解了土壤低氧胁迫，滴灌带埋深决定了水、气的供给位置。

植株通过光合作用合成有机物，积累干物质，株高、茎粗、叶面积等指标是对干物质积累的直接反映[1]。本试验中，甜瓜打顶前株高生长速率呈先快后慢趋势，相同埋深条件下加气处理能够提高株高和茎粗，但对株高和茎粗的影响规律并不一致。

大量研究表明，加气灌溉能够提高作物产量，但对果实形态的研究相对不足。本研究中，加气处理能够改善根际土壤气体环境，提高果实横、纵径及果肉厚，进而增加了单果质量，且果实横、纵径及果肉厚均随加气频率的升高而升高。该结论与前人对多种作物研究结论相一致[2][3]。最适宜的滴灌带埋深为25 cm，是由于甜瓜主根系多集中于地下30 cm范围内，滴灌带埋深10 cm供气位置处于主根区之上，气体逸散严重，根系实际获取到的氧相对不足，加气效率低。且地表10 cm范围内土壤气体与大气进行气体交换相对充足，该区域根区氧胁迫并不严重，所以10 cm范围内加气效益并不显著。而40 cm埋深滴灌带位于植株主根区之下，加气过程中气体上行，虽能够在一定程度上缓解根区低氧胁迫，但效益并不如埋深25 cm的好。灌水上限对果实形态影响并不显著，90%田间持水量下果肉厚有降低趋势，是由于甜瓜的需水规律为前期小，中期大，后期小的特点[4]，过量灌水导致营养生长阶段植株徒长，对生殖生长阶段造成不利影响。

根区加气改善了根际氧环境，保障了植株生理功能的正常运转，对果实品质有一定的提升作用。本研究表明，加气灌溉下TSS含量、可溶性总糖含量及维生素C含量均得到提升。总固形物直接反映了甜瓜总营养物质含量，决定了果实的品质，是糖、酸、

①邹志荣，李清明，贺忠群. 不同灌溉上限对温室黄瓜结瓜期生长动态、产量及品质的影响[J]. 农业工程学报，2005（S2）：77-81.

②BHATTARAI S P，MIDMORE D J. Oxygation enhances growth，gas exchange and salt tolerance of vegetable soybean and cotton in a saline vertisol[J]. Journal of Integrative Plant Biology，2009，51（7）：675-688.

③CHEN X M，DHUNGEL J，BHATTARAI S P，et al. Impact of oxygation on soil respiration，yield and water use efficiency of three crop species[J]. Journal of Plant Ecology，2011，4（4）：236-248

④曾春芝. 不同水分处理对大棚滴灌甜瓜产量与品质的影响[D]. 华中农业大学，2009：1-34.

维生素、矿物质等多种成分的混合物[①]。其含量的高低直接影响甜瓜的营养价值、甜度、酸度及风味。前人研究表明，灌水或施肥过高或过低均会导致果实总固形物的降低，这与本研究结果相似[②③]。加气处理能够提高果实边缘和中心部位TSS，但4 d加气1次处理TSS略有降低趋势，其原因尚不明确，可能是由于4 d加气1次处理使得土壤中部分好氧性微生物活动增强，而土壤中低氧胁迫又未完全解除，因此形成了土壤中部分好氧性微生物与植株根系竞争根区养分及O_2，导致甜瓜TSS含量比不加气处理略有降低。中心TSS含量随滴灌带埋深的增加而增加，但埋深25 cm时边缘TSS含量最高。本试验还发现，加气处理及三因素之间的交互作用对果实边缘TSS含量的影响大于中心部位。

本研究发现灌水上限由田间持水量的70%提升到80%维生素C含量有降低趋势，与前人研究得到适度亏缺灌溉维生素C含量增加相一致[④⑤]。可溶性总糖随灌水上限的升高呈降低趋势，是由于过量灌水对果实可溶性总糖有稀释作用[⑥]。可溶性总糖和维生素C含量均随加气频率的升高而升高。埋深25 cm时可溶性总糖和维生素C含量均最高，是由于根系主根区集中于地下30 cm范围内，埋深25 cm为根系供水供气效益最佳，过深或过浅都不利于根区水、气供应。

试验处理对水分利用效率和产量的影响与对品质的影响规律相似，水分利用效率和产量均随加气频率的升高而升高，该结论与沙海因（Shahien）等[⑦]得到加气条件下

①赵志华，李建明，潘铜华，等. 水氮耦合对大棚甜瓜产量和品质的影响[J]. 西北农林科技大学学报（自然科学版），2014（09）：97-103.

②李立昆，李玉红，司立征，等. 不同施氮水平对厚皮甜瓜生长发育和产量品质的影响[J]. 西北农业学报，2010（03）：150-153.

③李毅杰，原保忠，别之龙，等. 不同土壤水分下限对大棚滴灌甜瓜产量和品质的影响[J]. 农业工程学报，2012（06）：132-138.

④刘明池，张慎好，刘向莉. 亏缺灌溉时期对番茄果实品质和产量的影响[J]. 农业工程学报，2005（S2）：92-95.

⑤王丽娟，李天来，李国强，等. 夜间低温对番茄幼苗光合作用的影响[J]. 园艺学报，2006（04）：757-761.

⑥郭琳. 灌水量对日光温室番茄产量及土壤营养变化的影响[D]. 河南农业大学，2014：10-35.

⑦SHAHIEN M M，ABUARAB M E，MAGDY E. Root aeration improves yield and water use efficiency of irrigated potato in sandy clay loam soil[J]. International Journal of Advanced Research，2014，2（10）：310-320.

iWUE、产量高于滴灌和地下滴灌相一致。滴灌带埋深 25 cm、灌水控制上限为 70%田间持水量时产量和水分利用效率均最高。

8.4.2　根区加气对大棚番茄果实形态及品质的影响

番茄作为一种重要的经济作物，其形态指标是消费者选择购买的一个重要参考因素。本研究表明，加气处理能够提高番茄的横径和纵径。加气处理下平均单果重均高于不加气处理。本研究还发现，果实的横径与果实重量的相关性高于纵径与果实重量的相关性。

此外，加气处理还能够改善番茄的品质和风味。之前盆栽研究表明，对番茄不同生育阶段加气能够提高番茄品质[①]。本研究中，加气量及加气频率均对番茄产量有显著的提升作用，该结果与前人研究得到改善土壤气体状况，能够提高作物产量相一致[②③④]，但本研究还发现 15 cm 埋深下过高的加气量下番茄产量有降低趋势。可能是大量加气加大了土壤中气体的流动，增大了气蚀等因素，对植株根际产生负面影响。相同加气处理下不同埋深对比发现，15 cm 埋深下 CK、V1 处理产量高于 40 cm 埋深下，其他处理 40 cm 埋深产量高于 15 cm 埋深处理。即埋深浅，少量加气产量高，而随滴灌带埋深的增加，大量加气产量高。这是由于埋深 15 cm 下番茄根系密集，加气位置也位于植株主根区，加气即可缓解根区低氧胁迫，但大量加气或加气频率过高时对根区土壤扰动程度增强，反而不利于作物产量的提升。而滴灌带埋深 40 cm 下规律恰恰相反，是由于土壤是开放的介质，主根区位于加气位置之上，气体对根系及根际土壤酶的影响并没有 15 cm 埋深下直接，因而，少量加气虽能够在一定程度上改善根区氧环境，但

---

①LI Y，JIA Z，NIU W，et al. Effect of post-infiltration soil aeration at different growth stages on growth and fruit quality of drip-irrigated potted tomato plants（*Solanum lycopersicum*）[J]. Plos One，2015，10（12）：e143322.

②ITYEL E，BEN-GAL A，SILBERBUSH M，et al. Increased root zone oxygen by a capillary barrier is beneficial to bell pepper irrigated with brackish water in an arid region[J]. Agricultural Water Management，2014，131：108-114.

③BONACHELA S，QUESADA J，ACUNA R A，et al. Oxyfertigation of a greenhouse tomato crop grown on rockwool slabs and irrigated with treated wastewater：Oxygen content dynamics and crop response[J]. Agricultural Water Management，2010，97（3）：433-438.

④SHAHIEN M M，ABUARAB M E，MAGDY E. Root aeration improves yield and water use efficiency of irrigated potato in sandy clay loam soil[J]. International Journal of Advanced Research，2014，2（10）：310-320.

效益并没有 15 cm 埋深下好，而高加气频率或大量加气下，由于气体是以土壤介质作为缓冲从 40 cm 土层深度逸散至根区，根区气体流动比 15 cm 埋深下缓了很多，同时也在更大程度上缓解了根区低氧胁迫，因此 40 cm 埋深下大量或高频率加气增产更为显著。

本研究中加气处理能够提高番茄总固形物，该结论与巴特拉伊（Bhattarai）等[1]研究表明加气处理能够提高黄瓜总固形物结论相一致。霍恰尼（Horchani）等[2]研究表明延长低氧胁迫时间能够降低番茄维生素 C 的积累，其主要机理是由于低氧胁迫抑制了维生素 C 合成相关基因的表达。至今还没有相关研究专门针对不同加气量和滴灌带埋深处理组合对番茄品质的影响，本试验表明加气处理下番茄维生素 C 含量、番茄红素含量、糖酸比较不加气处理分别提高 41%、2% 和 43%。

8.4.3 大棚番茄根区加气经济效益评估

基于当地劳动力价格，为整个大棚铺设地下滴灌带埋深 15 cm 和 40 cm 需要花费人工 200 和 600 元。在全生育阶段 V1、V2 和 V3 加气分别需要花费 892、1 783 和 2 675 元。加气处理需要额外花费铺设地下滴灌带的劳务费、购置气泵费用、电费及管理费用。相关费用列于表 8-13 中。

由于试验中每个小区间隔要大于传统种植模式，所以单位面积产量并不是很高。番茄的价格在不同的年份或月份差异也很大，按当地番茄收购价格年均 4.5 元·kg^{-1} 计算，采用不同处理下的地下滴灌额外获得的收入列在表 8-13 中。滴灌带埋深 40 cm 下，所有的加气处理均可获得更多的经济效益。滴灌带埋深为 15 cm 时，V1 和 V2 处理能够获得更多的经济效益。其中，D40V3 处理组合能够获得最大的经济效益，与不加气处理相比，单个大棚能够增收 12 312 元。对不同处理下经济效益进行由大到小排序依次为：D40V2 > D15V2 > D40V3 > D15V1 > D40V1 > D15CK > D40CK > D15V3。然而，该计算并未涉及番茄品质，加气处理能够提高番茄果实维生素 C 含量、番茄红素含量、糖酸比，若考虑番茄品质效益，将获得更高的经济效益。

本研究结果表明滴灌带埋深 15 和 40 cm 均能够应用于大棚番茄种植。对两种埋深

---

①BHATTARAI S P，DHUNGEL J，MIDMORE D J. Oxygation improves yield and qualityand minimizes internal fruit crack of cucurbits on a heavy clay soil in the semi-arid tropics[J]. Journal of Agricultural Science，2010，2（3）：17-25.

②HORCHANI F，STAMMITTI-BERT L，BALDET P，et al. Effect of prolonged root hypoxia on the antioxidant content of tomato fruit[J]. Plant Science，2010，179（3）：209-218.

下加气处理可发现，CK及V1处理下滴灌带埋深15 cm处理比埋深40 cm处理能够获得更高的产量。而高加气量（V2和V3）下滴灌带埋深40 cm处理要优于埋深15 cm处理。当滴灌带埋深较浅时，过度加气降低了番茄的产量，主要是由于15 cm土层深度番茄根系密集，主根区也集中于这一区域，加气处理即可解除根区低氧胁迫，而过量加气对土壤造成扰动，引起根区气蚀，从而降低了根系与土壤的接触，因此对植株的生长和最终的产量造成负面影响。而滴灌带埋深40 cm下加气处理对植株的影响与15 cm土层深度加气影响规律恰恰相反。40 cm滴灌带埋深主根区位于供气位置之上，气体以土壤作为媒介缓慢释放到根区，气流相对缓和，加气处理对植株的影响相比15 cm埋深下加气要弱。同时40 cm土层下根系低氧胁迫相对于15 cm土层下胁迫程度也大。因此，40 cm滴灌带埋深下大量加气能够很大程度上促进植株的生长，提高番茄的产量。

表 8-13　加气处理番茄经济效益分析

处理		额外劳务费/元	额外电费/元	气泵折旧费/元	总产量/kg	总收入/元	与D15CK处理相比增收/元
D15	CK	200.00	0.00	0.00	1 514	6 812	0
	V1	1 091.67	40.13	200.00	1 945	8 752	807
	V2	1 983.33	80.25	300.00	2 408	10 834	1 858
	V3	2 875.00	120.38	600.00	1 978	8 901	-1 307
D40	CK	600.00	0.00	0.00	1 332	5 995	-1 217
	V1	1 491.67	40.13	200.00	1 860	8 372	28
	V2	2 383.33	80.25	300.00	2 559	11 514	2 138
	V3	3 275.00	120.38	600.00	2 736	12 312	1 704

8.4.4 根区加气促进盐土种植番茄植株的生长，降低高盐胁迫下植株的死亡率

盐胁迫下叶绿体类囊体膜糖脂含量明显下降，离子平衡失调，植物对光能吸收减少，光合作用受到限制。植株通过减缓生长、改变形态特征及生物量重新分配来维持逆境下的存活。所以，生长抑制是植物对盐渍逆境最为常见的综合生理响应[1][2]。大量

---

①ALAOUI-SOSSE B，SEHMER L，BARNOLA P，et al. Effect of NaCl salinity on growth and mineral partitioning in *Quercus robur* L.，a rhythmically growing species[J]. Trees-structure and Function，1998，12（7）：424-430.

②KOZLOWSII TT. Response of woody plants toflooding and salinity[J]. Tree Physiology，1997，Monograph（1）：1-29.

Na$^+$进入细胞不仅对其结构和功能造成损害，还会对Ca^{2+}、K$^+$等离子的吸收产生拮抗作用。本试验发现随土壤盐分含量的增加，番茄株高、茎粗及成熟期总干物质积累均呈降低趋势。当Na$^+$浓度达 121 mM时，未加气处理番茄定植一段时间后全部死亡。

本试验供试土壤为黏壤土，且盆底部并未打孔，根区气体扩散速率低，植株根区存在一定程度低氧胁迫。低氧胁迫下植株根部细胞膜电位及细胞内pH改变，离子跨膜运输能力降低，根系活力降低，根系不能摄取到充足的养分[1]。低氧胁迫下脱落酸的升高还会导致叶片气孔导度和叶水势的降低，影响光合反应顺利进行[2]。同时，低氧胁迫还加剧了盐胁迫对植株的危害。根区低氧胁迫加速了Na$^+$和Cl$^-$进入根系细胞内部，根系对Na$^+$和Cl$^-$的吸收量有随根区氧浓度的降低而升高的趋势[3]。其机理被认为是Na$^+$和Cl$^-$进入细胞受质膜内外H$^+$离子浓度差调控，而细胞膜内外的H$^+$浓度差又由H$^+$–ATPase来维持。根区低氧胁迫下有氧呼吸得不到保障，ATP供应不足，因而细胞自身不能够有效调节膜内外H$^+$浓度差，导致大量Na$^+$和Cl$^-$进入根系[4]。此外，土壤水中的NaCl能够降低水分子和氧分子间的引力而降低O$_2$在水中的溶解度[5]。前人通过对盐胁迫下 24 种植物低氧胁迫研究分析，发现低氧胁迫下叶片中Na$^+$和Cl$^-$浓度平均分别升高了228%和135%。本试验中，当土壤中Na$^+$含量超过 29 mM时，将有更多的Na$^+$和Cl$^-$进入植株体内，对番茄根系细胞造成破坏，影响番茄养分的吸收利用，进而影响番茄的生长和存活率。

根区加气能够缓解甚至解除根区低氧胁迫，激发植株生长潜能[6][7]。前人研究表明，

---

[1]BARRETT–LENNARD E G. The interaction between waterlogging and salinity in higher plants：causes，consequences and implications[J]. Plant and Soil，2003，253（1）：35–54.

[2]BRADFORD K J，HSIAO T C. Stomatal behavior and water relations of waterlogged tomato plants[J]. Plant Physiology，1982，70：1508–1513.

[3]LETEY J. Aeration，compaction and drainage[J]. California Turfgrass Culture，1961，11：17–21.

[4]BARRETT–LENNARD E G. The interaction between waterlogging and salinity in higher plants：causes，consequences and implications[J]. Plant and Soil，2003，253（1）：35–54.

[5]WINKLER M A. Biological Treatment of Wastewater[M]. Chichester：Ellis Horwood Ltd.，1981.

[6]李元，牛文全，许健，等.加气滴灌提高大棚甜瓜品质及灌溉水分利用效率[J].农业工程学报，2016（01）：147–154.

[7]李元，牛文全，张明智，等.加气灌溉对大棚甜瓜土壤酶活性与微生物数量的影响[J].农业机械学报，2015，46（8）：121–129.

加气处理土壤氧含量提高 2.4%~32.6%[1]，保障了根系有氧呼吸顺利进行，提高根系活力，增加好氧性微生物数量及土壤酶活性，为植株提供更多可直接利用的养分。其次，盐胁迫和低氧胁迫均会导致根细胞膜流动性的降低，根区加气能够有效改善根际低氧胁迫，因此推测，根区加气能够在一定程度上增强细胞膜的选择性运输能力，减少 Na^+ 进入植株体内[2]。巴特拉伊（Bhattarai）等[3]研究发现，盐土种植棉花加气处理下根部 Na^+ 由对照组的 0.161 mmol·g^{-1} 降为 0.148 mmol·g^{-1}。本试验中，加气处理番茄株高和茎粗均显著高于未加气处理，当土壤 Na^+ 含量不大于 75 mM 时，采用适当的加气量（A2）加气后，可基本抵消盐分胁迫危害。因此，加气处理是保障盐化土壤番茄健康生长，提高植物耐盐性及生存能力的重要措施之一。

8.4.5 根区加气对盐土种植番茄产量及品质的影响

作物的产量和品质受自身遗传因子和外界环境因子的双重影响。盐胁迫影响植株养分吸收、光合作用、干物质积累等过程，间接影响到果实的产量及品质。本研究发现番茄植株受盐胁迫影响后生长受到抑制，造成单株产量严重下降或绝收，采用根区加气处理后，可有效提高番茄产量，这与前人研究结论相一致[4]。本试验中，29 mM Na^+ 胁迫下，未加气处理番茄产量仅为 CK 的 64.2%，A2 加气量下番茄产量与 CK 处理无显著性差异。75mM Na^+ 胁迫下，加气处理产量均高于未加气处理，其中 A2 加气量下产量较未加气处理提高 35.4%。说明根区加气可抵消或者克服 Na^+ 胁迫抑制作用。

根区加气可改善非盐化黏壤土果实的品质，本试验发现根区加气也可以提高 Na^+ 胁迫番茄的品质。其中，加气处理果实总固形物、维生素C、番茄红素及可溶性糖含量均高于未加气处理。根区加气能够极显著地降低番茄滴定酸含量，提高番茄糖酸比。但由于滴定酸由苹果酸、柠檬酸等多种酸组成，涉及一系列生化反应，加气降低滴定酸

①Chen X M，DHUNGEL J，BHATTARAI S P，et al. Impact of oxygation on soil respiration，yield and water use efficiency of three crop species[J]. Journal of Plant Ecology，2011，4：236-248.

②BHATTARAI S P，SU N，MIDMORE D J. Oxygation unlocks yield potentials of crops in oxygen - limited soil environments[J]. Advances in Agronomy，2005，88：313-377.

③BHATTARAI S P，MIDMORE D J. Oxygation enhances growth，gas exchange and salt tolerance of vegetable soybean and cotton in a saline vertisol[J]. Journal of Integrative Plant Biology，2009，51（7）：675-688.

④XM C，J D，SP B，et al. Impact of oxygation on soil respiration，yield and water use efficiency of three crop species[J]. Journal of Plant Ecology，2011，4：236-248.

的机理尚不明确，还有待进一步研究。29~75mM Na⁺胁迫范围内，总固形物、维生素C及可溶性糖含量随盐胁迫程度升高而升高，与前人研究得到适度盐分胁迫提高番茄品质指标相一致[1]。

总之，根区加气可协调土壤水、气供应方式，缓解Na⁺胁迫对植株的伤害，提高Na⁺胁迫下番茄的生存、生产能力。根区加气对提高含盐土壤条件下作物的生产力具有重要意义。

8.5 小结

8.5.1 大棚甜瓜根区加气

（1）对果实形态、品质和产量影响的大小顺序依次为：加气频率、滴灌带埋深和灌水上限。对灌溉水分利用效率影响的大小顺序依次为：灌水上限、加气频率、和滴灌带埋深。

（2）加气处理能够增加果肉厚度、果实横、纵径，提高单果质量及水分利用效率。对于甜瓜品质，加气处理能够提高TSS含量、维生素C和可溶性总糖含量。

（3）滴灌带埋深25 cm，每天加气1次，灌水上限为田间持水量的70%处理产量、可溶性糖含量及水分利用效率最高；滴灌带埋深25 cm，每天加气1次，灌水上限为田间持水量的80%处理下果实形态、TSS含量达最高值；滴灌带埋深25 cm，每天加气1次，灌水上限为田间持水量的90%处理下维生素C含量最高。从产量、品质、水分利用综合考虑，可选择滴灌带埋深25 cm，每天加气1次，灌水上限为田间持水量的70%处理组合为陕西关中地区大棚甜瓜适宜的加气灌溉方式。

8.5.2 大棚番茄根区加气

本研究结果表明不同的加气量处理和滴灌带埋深处理均能够显著影响番茄的产量及品质。加气处理能够促进植株的生长，提高番茄的产量并改善品质。总的来说，滴灌带埋深40 cm下，产量及品质指标随加气量的升高而升高；滴灌带埋深15 cm下，随加气量的升高呈先升高后降低趋势。D40V2和D40V3处理组合下产量最高，其中D40V2处理组合下经济效益最好。本研究表明，加气处理能够缓解黏壤土种植下根区

---

[1]KANAYAMA Y，KOCHETOV A. Abiotic stress biology in horticultural plants[M]. Japan：Springer，2015：1-15.

低氧胁迫，促进植株生长，提高番茄产量并改善其品质。

8.5.3 盐胁迫下番茄根区加气

（1）盐胁迫抑制了植株的生长并降低了番茄的产量。根区加气处理对盐胁迫番茄的生长具有补偿效应，可显著提高番茄的产量。当 Na^+ 浓度不超过 29 mM 时，根区加气可克服盐胁迫对番茄植株干物质积累量和产量的影响；Na^+ 浓度为 75 mM 时，加气处理可缓解盐胁迫对番茄植株的危害；当 Na^+ 浓度为 121 mM 时，根区加气可提高盐胁迫下番茄的存活率。

（2）在 29~75 mM Na^+ 胁迫范围内，根区加气可提高果实总固形物、维生素C、可溶性糖、番茄红素含量，显著降低了番茄可滴定酸。

第九章
土壤气体调控在土壤有机碳周转领域的研究

土壤是陆地生态系统最大的碳库，据估算全球土壤有机碳库达 $1.2 \times 10^3 \sim 2 \times 10^3 Pg$，约是植被碳库和大气碳库的 2~3 倍。土壤圈处于大气圈、水圈、生物圈的敏感交汇地带，与各圈层进行着频繁的物质、能量交换。土壤碳循环是土壤中重要的生物化学过程，直接影响到土壤养分的供应，温室气体的形成及土壤质量[1]。土壤有机碳组成成分复杂，其周转速率介于几个月至数百年之间。从有机碳周转的角度来看，目前笼统地将其分为活性、稳定及惰性有机碳。活性组分在很大程度上影响着土壤有机碳通量，而稳定及惰性组分则控制着土壤有机碳的持留。早期研究认为惰性有机碳主要由相对难分解的植物残留物组成，分子结构决定其周转速率。近年研究表明，有机碳的稳定性不单由其化学结构决定，生物和环境因子同样发挥着重要作用（图9-1）[2]。

---

①HOFFMAN E，CAVIGELLI M A，CAMARGO G，et al. Energy use and greenhouse gas emissions in organic and conventional grain crop production：Accounting for nutrient inflows[J]. Agricultural Systems，2018，162：89-96.

②SCHMIDT M，TORN M S，ABIVEN S，et al. Persistence of soil organic matter as an ecosystem property[J]. Nature，2011，478（7367）：49-56.

图9-1　有机质化学结构、植物、微生物、环境相互作用共同决定土壤碳持留（改编自Schmidt et al. 2011）[①]

众多因子对土壤有机碳的作用过程大多离不开土壤气体的参与[②③]。土壤中水、气两相是一对矛盾体，土壤水分条件的改变直接影响到土壤中气体组成及浓度。同时，全球气候变暖引起的土壤增温间接影响到植被根系和土壤微生物的呼吸，也间接改变了土壤中气体的组成。土壤气体直接影响到土壤理化性质，间接改变了土壤中有机碳的周转速率。然而，目前有关土壤内部气体如何影响有机碳周转的机理性认知还非常有限。因土壤微生物群落结构、土壤酶活性与土壤有机碳的周转有着密切的关系[④⑤]，我们推断：土壤气体环境的变化，必然会引起土壤微生物群落、微生物量的改变。土壤微生物分泌了绝大部分的土壤酶，而土壤酶又是土壤有机碳周转过程中重要的参与者。

①SCHMIDT M，TORN M S，ABIVEN S，et al. Persistence of soil organic matter as an ecosystem property[J]. Nature，2011，478（7367）：49-56.

②HUANG W，HALL S J. Elevated moisture stimulates carbon loss from mineral soils by releasing protected organic matter[J]. Nature Communications，2017，8（1）：1774.

③CHEN S，ZHANG Z，WANG Z，et al. Effects of uneven vertical distribution of soil salinity under a buried straw layer on the growth，fruit yield，and fruit quality of tomato plants[J]. Scientia Horticulturae，2016，203：131-142.

④KALLENBACH C M，FREY S D，GRANDY A S. Direct evidence for microbial-derived soil organic matter formation and its ecophysiological controls[J]. Nature Communications，2018，9（1）：3929.

⑤LANGE M，EISENHAUER N，SIERRA C A，et al. Plant diversity increases soil microbial activity and soil carbon storage[J]. Nature Communications，2015，6：6707.

我们迫切需要了解土壤有机碳对气体环境变化的响应规律及通过哪些途径改变了土壤中有机碳的周转速率及其驱动机制。

改善植物根区土壤气体环境可促进植物生长。目前，新兴的土壤气体调控技术已广泛应用于农业研究和生产实践。该技术在黏重土壤及盐渍土条件下具有良好的应用效果，在大豆、西葫芦、南瓜等作物产量及品质方面已有大量研究和报道[1][2]。该技术不仅可提高土壤导气率，改善土壤内部气体环境[3][4]，还可保障土壤微生物活动、提高土壤酶活性[5]。

如何应用上述技术开展土壤气体环境变化对有机碳周转的研究目前尚未系统展开。为此，本章将农业研究和生产中的土壤气体调控技术引入到土壤生态学研究中，同时借助自主研发的气体成分调控装置定量调控土壤中O_2和CO_2浓度。以植物-土壤-微生物整体为研究对象，对土壤微环境、土壤微生物群落、土壤酶活性、植物固碳能力及土壤有机碳周转进行系统研究，阐述土壤气体环境变化驱动有机碳周转的内在机理。该研究对完善已有的碳循环模型、提高森林生态系统对全球气候变化响应的可预测性具有重要的学术价值与应用前景，也是未来全球气候变化研究的一个重要突破口和发展方向。本章立足于应对全球气候变化的国家需求以及森林生态和全球变化研究领域的国际科学前沿，开展基础性探索研究，具有较强的前瞻性。

国内外学者对土壤有机碳周转的驱动因素开展了广泛的研究，探明了水分、温度、地形等部分生态因子驱动有机碳周转的部分机制。通过室内小型气体调控装置对土壤

①BHATTARAI S P，MIDMORE D J，PENDERGAST L. Yield，water-use efficiencies and root distribution of soybean，chickpea and pumpkin under different subsurface drip irrigation depths and oxygation treatments in vertisols[J]. Irrigation Science，2008，26：439-450.

②BHATTARAI S P，HUBER S，MIDMORE D J. Aerated subsurface irrigation water gives growth and yield benefits to zucchini，vegetable soybean and cotton in heavy clay soils[J]. Annals of Applied Biology，2004，144（3）：285-298.

③BHATTARAI S P，BALSYS R J，WASSINK D，et al. The total air budget in oxygenated water flowing in a drip tape irrigation pipe[J]. International Journal of Multiphase Flow，2013，52：121-130.

④BHATTARAI S P，DHUNGEL J，MIDMORE D J. Oxygation improves yield and qualityand minimizes internal fruit crack of cucurbits on a heavy clay soil in the semi-arid tropics[J]. Journal of Agricultural Science，2010，2（3）：17-25.

⑤李元，牛文全，张明智，等. 加气灌溉对大棚甜瓜土壤酶活性与微生物数量的影响[J]. 农业机械学报，2015，46（08）：121-129.

中O_2进行调控已开展了土壤有机碳稳定性相关的研究。但该研究仅仅是对土壤中O_2进行调控，难以说明土壤碳固持能力的提高究竟是由于土壤中O_2浓度的降低引起的还是由于土壤中CO_2浓度的升高所导致的，且没有考虑土壤气体环境变化背景下植物和土壤的相互关系及植物对土壤有机碳周转的影响。

之前研究表明，土壤气体环境的改善能够提高根际和非根际土壤酶活性并提高根际土壤微生物的数量[①]，而微生物在有机碳的分解中起着主导作用。其次，土壤气体环境的改善能够促进根系的生长发育并提高其活性。深层土壤有机碳的一个重要来源就是植物根系[②]，由于根系碳具有较多的木质素和脂肪族物质，本身的难降解性较高，这是目前有机碳研究的热点和难点。

通过加气灌溉技术虽已探明调控土壤内部气体环境能够改善微生物群落结构、提高土壤酶活性、促进植株生长。但因采用的均为土壤气体定性调控技术，难以阐明对土壤微生物、土壤酶活性及植株生长的影响究竟是因土壤中O_2浓度的降低还是CO_2浓度的升高所引起的？两者有无交互作用？但基于这些研究，我们仍可推断，土壤气体环境的变化必然会引起土壤有机碳周转速率的改变，且其主要实现途径是通过改变土壤微生物群落结构、土壤酶活性及植物固碳能力来实现的。土壤中O_2和CO_2浓度的改变分别引起了土壤中哪些理化性质的变化？有无交互作用？土壤微生物、土壤酶是如何响应土壤理化性质的变化？在此背景下，土壤有机碳是如何进行周转的？这些问题急需通过相关研究给予解答。

本章针对上述问题，以秦岭地区森林土壤为研究对象，通过土壤气体调控技术和自主研发的气体成分调控装置对土壤中O_2和CO_2浓度进行调控。以植物-土壤-微生物为整体研究对象，系统开展气体成分对土壤微生物群落结构及土壤有机碳周转特征的影响研究，解析不同土壤气体状态下土壤有机碳周转与植物、微生物群落结构、碳周转相关酶活性的耦合关系。旨在探明不同土壤气体环境下植被、土壤微生物、土壤酶活性、土壤有机碳对土壤气体环境变化的响应规律及其相互关系，阐述土壤气体在有

①李元，牛文全，张明智，等.加气灌溉对大棚甜瓜土壤酶活性与微生物数量的影响[J].农业机械学报，2015，46（08）：121-129.

②REES R M，BINGHAM I J，BADDELEY J A，et al. The role of plants and land management in sequestering soil carbon in temperate arable and grassland ecosystems[J]. Geoderma，2005，128（1-2）：130-154.

机碳周转方面的相对贡献，进而揭示森林土壤有机碳分解与稳定性的调控机制。

　　试验用土选自陕西省西安市南郊秦岭北麓林地，种植植物为常绿灌木石楠。为方便研究凋落物分解，试验前以网袋形式在土壤中预先埋入成分已知的凋落物。借助自主研发的气体成分调控装置调节土壤内部气体成分，气体调控装置如图9-2所示。

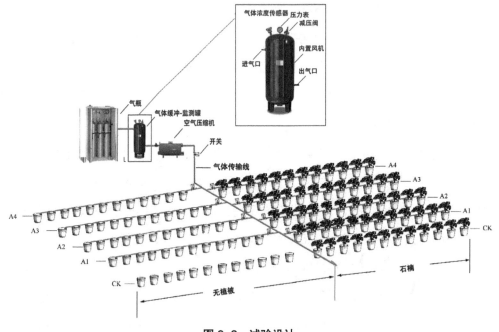

图 9-2　试验设计

　　气瓶中设置 3 种气体：O_2、CO_2、压缩空气。其中 O_2 和 CO_2 为目标调控气体，压缩空气作为配气。通过"缓冲-监测罐"来监测待加入气体成分，待目标调控气体成分达到试验所需要求时进行加气，以低气流速度、长期通气的方式调控土壤内部气体。调气后，利用手持气体浓度监测仪检测土壤内部 O_2 和 CO_2 浓度。装土前在距桶底 5 cm 处以螺旋形式埋入直径 6 mm 塑料软管，埋入土壤部分的软管在管壁上每隔 10 cm 打 3 个直径为 2 mm 的对称小孔，连续打 10 个孔，每桶装土 18 kg，装土后导气管外留约 15 cm 方便与空气压缩机连接。为防止土壤颗粒堵塞通气孔影响通气效果，用透气丝棉裹于小孔处。为保证不漏气，桶底不打孔。在桶中央垂直埋入直径 1.7 cm 长 22.0 cm 的 PVC 灌水管，管壁每隔 3 cm 打两个出水孔，灌水管底端距桶底约 5 cm，每 7 d 灌溉一次。每次灌溉后用橡胶塞塞紧灌水管进口。每个处理 6 个重复。试验处理如表 9-1 所示，土壤内部关注气体及目标调控浓度见表 9-2。

表 9-1　试验处理

试验处理编号	O_2 浓度（%）	CO_2 浓度（%）	植被
P-CK	—	—	石楠
P1	21	0.03	石楠
P2	21	0.4	石楠
P3	15	0.4	石楠
P4	15	0.03	石楠
N-CK	—	—	裸地
N1	21	0.03	裸地
N2	21	0.4	裸地
N3	15	0.4	裸地
N4	15	0.03	裸地

表 9-2　土壤内部关注气体及目标调控浓度

处理	O_2 浓度（%）	CO_2 浓度（%）
CK	—	—
A1	21（大气浓度）	0.03（大气浓度）
A2	15（土壤浓度）	0.4（土壤浓度）
A3	21（大气浓度）	0.4（土壤浓度）
A4	15（土壤浓度）	0.03（大气浓度）

　　注：表中比例为体积比，模拟大气中 O_2、CO_2 平均浓度分别设定为 21%、0.03%；因不同土壤内部 O_2、CO_2 浓度变化较大，本试验以林地多年土壤 O_2、CO_2 浓度均值为标准进行设定，分别设定为 15%、0.4%。CK 为不加气处理。

9.1 土壤通气对土壤孔隙中 O_2 和 CO_2 浓度的影响

　　在图 9-3 中为不同通气处理下土壤孔隙空间 O_2 浓度的趋势。研究发现，向土壤注入较高浓度的 O_2 会导致土壤孔隙空间的 O_2 浓度升高。在观测的时间段内，P1 和 P2 处理下的 O_2 浓度均高于 P-CK 处理的 O_2 浓度（$P<5\%$）。类似地，N1 和 N2 处理下的 O_2 浓度也高于 N-CK 处理（$P<5\%$），在石楠种植和裸露土地处理之间的 O_2 浓度无显著差异。以 2019 年 5 月土壤孔隙间 O_2 浓度数据为例，较高浓度 O_2 处理（P1 和 P2）使得土壤孔隙空间的 O_2 浓度更高。与 P-CK 处理相比，P1 和 P2 处理导致土壤孔隙空间的 O_2 浓度分

别增加了 12.4% 和 11.2%。相反，较低浓度 O_2 处理（P3 和 P4）引起土壤孔隙空间的 O_2 浓度较低。在 P3 和 P4 处理下，O_2 浓度分别降低了 6.6% 和 4.8%。裸地处理也发生了类似的变化规律。

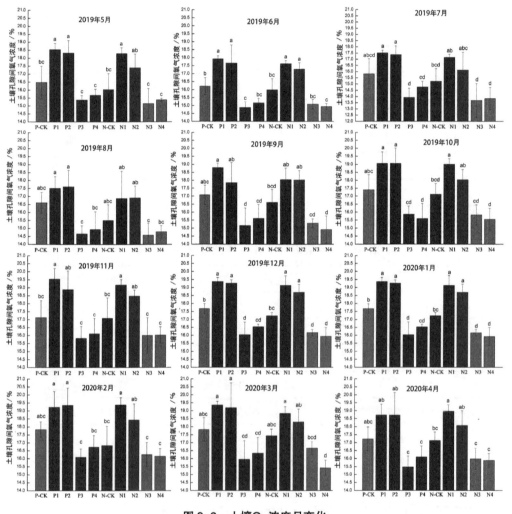

图 9-3　土壤 O_2 浓度月变化

图 9-4 表明，土壤通气处理能够显著影响土壤孔隙空间 CO_2 的浓度（$P<5\%$）。较高浓度的 CO_2 注入到土壤孔隙间（P2、P3、N2、N3）能够显著提高土壤孔隙间 CO_2 浓度（$P<5\%$）。研究发现，与 O_2 浓度变化幅度相比，不同处理间土壤孔隙空间 CO_2 的变化幅度较小。如图 9-4 所示，在 2019 年的 8 月、10 月、11 月，以及 2020 年的 2 月和 3 月，土壤孔隙空间的 CO_2 浓度之间无显著性差异。此外，研究发现在石楠种植和裸露土地处理之间土壤孔隙间 CO_2 浓度无显著差异（$P<5\%$）。

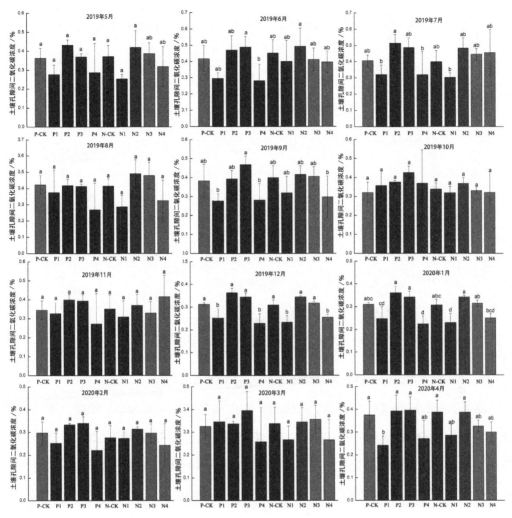

图 9-4　土壤 CO_2 浓度月变化

图 9-5 为土壤孔隙空间 O_2 和 CO_2 浓度的月度变化趋势。土壤孔隙空间 O_2 浓度呈现先降低后升高趋势。整个观测期内，冬季 O_2 平均浓度高于夏季。2 月的土壤孔隙空间 O_2 浓度最高，观测值为 17.6%，而 7 月的 O_2 浓度最低，为 15.5%。我们还发现，10 月到 2 月期间的土壤孔隙间 O_2 浓度超过了 17%。相反，土壤孔隙空间 CO_2 浓度呈现先升高后降低的趋势。冬季的平均 CO_2 浓度低于夏季。7 月的土壤孔隙空间 CO_2 浓度最高，观测值为 0.41%。而 2 月的 CO_2 浓度最低，为 0.28%。我们还发现，6 月到 11 月间的土壤孔隙间 CO_2 浓度超过了 0.35%。

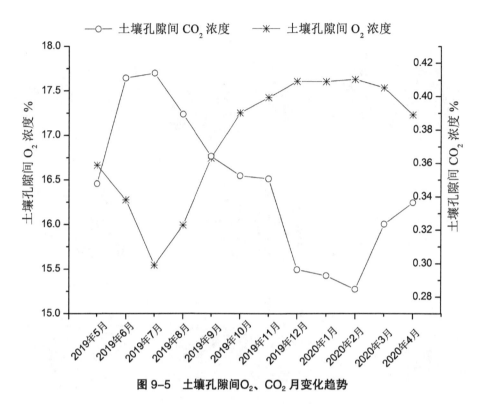

—○— 土壤孔隙间 CO_2 浓度　　—※— 土壤孔隙间 O_2 浓度

图 9-5　土壤孔隙间O_2、CO_2月变化趋势

表 9-3 为不同通气处理对整个观测期土壤孔隙空间平均O_2和CO_2浓度的影响。P1和P2 处理下的O_2浓度高于P3 和P4。与P-CK处理相比，P1 处理下的O_2浓度增加了12.8%。类似地，N1 和N2 处理下的O_2浓度低于N3、N4 和N-CK处理。与N-CK处理相比，N1 处理下的O_2浓度降低了 0.74%。CO_2浓度的最高值出现在P2、P3 和N1 处理中，而最低值出现在P4、P1 和N3 处理中。与P-CK处理相比，P3 处理下的CO_2浓度增加了0.04%。

表 9-3　不同处理对氧气及、二氧化碳浓度均值的影响

处理	氧气浓度 /%	二氧化碳浓度 /%
P-CK	17.60	0.302
P1	17.63	0.340
P2	17.53	0.358
P3	17.23	0.342
P4	16.67	0.336

续表

处理	氧气浓度 /%	二氧化碳浓度 /%
N-CK	16.28	0.355
N1	15.54	0.350
N2	15.99	0.343
N3	16.74	0.336
N4	17.25	0.342

9.2 土壤气体环境变化对土壤酶活性的影响

不同处理对土壤酶活性的影响如表 9-4 所示。研究发现，P1 处理下的蔗糖酶活性最高，而P3 和P4 处理下蔗糖酶的活性最低。研究还发现，冬季的蔗糖酶活性低于夏季。但冬季和夏季的蔗糖酶变化趋势相似。冬季多酚氧化酶平均活性高于夏季。夏季P1 处理的多酚氧化酶活性最高，冬季P-CK处理的多酚氧化酶活性最高。冬季P-CK和P2 处理的多酚氧化酶活性最高，而P4 处理的活性最低。脲酶活性在夏季最高，P1 处理最高，在冬季最高的是P2 处理。而夏季P3、P4 和N4 处理的值较低。夏季土壤蔗糖酶活性高于冬季，而过氧化氢酶活性在夏季较低。在夏季P2 和N-CK处理的过氧化氢酶活性高于P3、P4 和N2 处理。在冬季土壤过氧化氢酶活性在P1 处理下最高，在P3 处理下最低。

将高浓度的O_2注入土壤显著增加了蔗糖酶、多酚氧化酶、脲酶、轻化酶和过氧化氢酶的活性。在本研究中，土壤中高浓度的O_2可提高夏季磷酸酶活性。而在冬季，土壤孔隙间O_2浓度的变化对磷酸酶活性没有显著影响。对于CO_2处理，我们发现不同浓度下CO_2对大多数土壤酶的活性没有显著影响。只有在冬季观测到高浓度的CO_2导致多酚氧化酶活性增加。此外，夏季土壤脲酶、磷酸酶和蔗糖酶活性在石楠种植处理下显著升高。在冬季，植被对本研究中所观测的土壤酶活性均无显著性影响。交互作用发现，O_2浓度和植被对夏季的蔗糖酶、多酚氧化酶、脲酶和磷酸酶活性有显著影响（$P<5\%$）。CO_2浓度和植被对本研究中所有酶的活性没有显著影响（$P>5\%$）。CO_2浓度、O_2浓度和植被对冬季的磷酸酶活性有极显著影响（$P<1\%$），但在夏季没有显著影响。

表9-4 夏季和冬季不同通气处理对蔗糖酶（mg·g⁻¹·d⁻¹）、多酚氧化酶（mg·g⁻¹·d⁻¹）、脲酶（mg·g⁻¹·d⁻¹）、磷酸酶（mg·g⁻¹·d⁻¹）、转化酶（mg·g⁻¹·d⁻¹）和过氧化氢酶（ml·g⁻¹·d⁻¹）的影响

处理	蔗糖酶		多酚氧化酶		脲酶		磷酸酶		转化酶		过氧化氢酶	
	夏季	冬季	夏季	冬季	夏季	冬季	夏季	冬季	夏季	冬季	夏季	冬季
P-CK	20.87±6.81ab	13.87±0.85ab	0.42±0.1bc	0.61±0.03a	2.31±0.07abc	0.22±0.02bcd	0.48±0.02ab	0.6±0.22ab	1.29±0.13ab	1.04±0.2bc	0.45±0.04ab	1.01±0.08ab
P1	26.04±1.16a	15.91±3.23a	0.54±0.01a	0.59±0.06ab	2.84±0.24a	0.32±0.01ab	0.59±0.06a	0.41±0.05bc	1.36±0.13a	1.38±0.03abc	0.45±0.06ab	1.09±0.04a
P2	23.52±1.86a	13.98±1.49ab	0.52±0.04ab	0.61±0.02a	2.38±0.42ab	0.37±0.01a	0.5±0.08a	0.76±0.04a	1.27±0.03ab	1.45±0.18ab	0.49±0.03a	0.9±0.27abc
P3	14.16±1.12b	11.92±2.01b	0.34±0.04c	0.58±0.03ab	1.55±0.34d	0.17±0.07cd	0.34±0.06c	0.67±0.05ab	1.18±0.01abc	0.99±0.27c	0.37±0.05c	0.51±0.16d
P4	15.1±1.83b	10.93±1.03b	0.38±0.02c	0.44±0.09c	1.64±0.1d	0.2±0.07cd	0.34±0.02c	0.29±0.08c	0.95±0.18c	1.12±0.03bc	0.36±0.03c	0.67±0.09cd
N-CK	18.7±4.38ab	12.49±1.16ab	0.38±0.02c	0.55±0.02ab	1.79±0.35cd	0.2±0.02cd	0.37±0.07bc	0.57±0.06ab	1.16±0.14abc	0.98±0.12c	0.49±0.04a	0.85±0.06abc
N1	19.92±1.55ab	13.42±1.41ab	0.44±0.03abc	0.57±0.03ab	2.24±0.06bc	0.27±0.04bc	0.48±0.01ab	0.51±0.11abc	1.04±0.14bc	1.18±0.07bc	0.42±0.05abc	0.97±0.09ab
N2	19.17±5.13ab	13.57±0.78ab	0.51±0.07ab	0.56±0.02ab	1.81±0.06cd	0.27±0.01bc	0.38±0.03bc	0.5±0.12bc	1.07±0.04bc	1.62±0.11a	0.34±0.01c	0.83±0.03abc
N3	18.2±2.98ab	11.64±0.83b	0.42±0.05bc	0.56±0.04ab	1.58±0.3d	0.15±0.06d	0.35±0.06c	0.52±0.17abc	0.99±0.1c	1.19±0.27abc	0.4±0.01abc	0.77±0.15bcd
N4	18.48±3.35ab	13.34±1.05ab	0.41±0.03bc	0.49±0.07bc	1.74±0.23cd	0.19±0.07cd	0.36±0.04bc	0.56±0.14abc	1.05±0.09bc	1.14±0.32bc	0.39±0.05bc	0.76±0.03bcd
F-value												
O_2	10.428**	8.430**	22.268**	7.955*	30.235**	32.363**	29.793**	0.413ns	6.650*	9.893**	4.411*	19.909**
CO_2	0.084ns	0.117ns	0.917ns	4.399*	1.559ns	2.094ns	2.738ns	0.000ns	1.002ns	2.389ns	0.404ns	0.707ns
植被	0.529ns	0.571ns	0.184ns	1.494ns	8.460**	3.074	8.149*	0.055ns	8.359**	0.026ns	0.302ns	0.115ns
$O_2 \times CO_2$	0.406ns	0.639ns	0.117ns	6.046*	5.026*	0.047ns	3.716ns	8.625**	0.286ns	1.205ns	8.876**	4.053ns
$O_2 \times$ 植被	6.458*	2.595ns	5.407*	1.339ns	6.717*	1.499ns	6.959*	1.442ns	3.534ns	0.471ns	0.043ns	4.805*
$CO_2 \times$ 植被	0.025ns	2.345 ns	0.229ns	0.084ns	0.038ns	0.500ns	0.022ns	0.085ns	3.365ns	0.253ns	2.617ns	0.197ns
$O_2 \times CO_2 \times$ 植被	0.120ns	0.037 ns	1.871ns	1.177	0.008ns	0.458ns	0.037ns	10.932**	0.621ns	2.148ns	1.626ns	0.827ns

9.3 土壤气体环境变化对土壤碳的影响

不同处理对土壤有机碳（SOC）的影响如表 9-5 所示。研究发现，随时间推移，不同处理之间对SOC的影响逐渐增大。方差分析表明，注入O_2对SOC在 2020 年秋季至 2021 年夏季期间具有显著影响（$P<5\%$）。植被在 2020 年冬季至 2021 年春季期间对SOC也有显著性影响（$P<5\%$）。注入不同浓度CO_2对SOC没有显著影响（$P>5\%$）。在交互作用方面，O_2和植被对SOC具有显著影响（$P<5\%$），而$O_2 \times CO_2$、$CO_2 \times$植被和$O_2 \times CO_2 \times$植被对SOC没有显著交互作用影响。

表 9-5 不同土壤孔隙间气体处理对土壤有机碳（$g \cdot kg^{-1}$）的影响

处理	2019 夏季	2019 秋季	2019 冬季	2020 春季	2020 夏季
P-CK	20.59 ± 2.19a	18.24 ± 1.2a	21.09 ± 2.07abc	23.91 ± 3.18a	22.9 ± 1.84bc
P1	20.66 ± 1.07a	17.53 ± 1.7a	19.01 ± 2.66abc	25.13 ± 0.51a	28.05 ± 0.84a
P2	20.19 ± 2.03a	15.91 ± 2.61a	18.28 ± 1.57abc	24.15 ± 1.04a	25.5 ± 3.88ab
P3	19.66 ± 0.87a	19.82 ± 1.49a	22.75 ± 0.44a	22.31 ± 1.66ab	18.07 ± 1.87d
P4	19.59 ± 1.99a	20.01 ± 3.39a	22.16 ± 2.09ab	24.02 ± 1.22a	17.14 ± 0.73d
N-CK	19.39 ± 1.39a	18.37 ± 1.72a	17.84 ± 0.4bc	19.08 ± 1.71bc	21.01 ± 2.36bcd
N1	20.76 ± 1.31a	17.97 ± 1.9a	18.1 ± 2.43bc	22.16 ± 0.45ab	24.28 ± 1.65ab
N2	19.19 ± 0.56a	17.99 ± 2.59a	17.27 ± 0.87c	19.67 ± 1.14bc	22.75 ± 1.45bc
N3	19.24 ± 1.5a	20.25 ± 2.46a	19.48 ± 0.34abc	16.36 ± 1.21c	17.51 ± 1.19d
N4	19.36 ± 1.25a	19.77 ± 1.19a	21.58 ± 3.32abc	17.46 ± 1.69c	19.72 ± 1.76cd
F-value					
O_2	0.964 ns	5.981*	12.209**	12.262**	51.936**
CO_2	0.443 ns	0.195 ns	0.000ns	0.045ns	0.514ns
植被	0.827 ns	0.280 ns	5.090*	47.346**	2.259 ns
$O_2 \times CO_2$	0.487 ns	0.093 ns	0.648 ns	4.035 ns	1.882 ns
$O_2 \times$ 植被	0.007 ns	0.299 ns	0.258 ns	2.603 ns	4.785*
$CO_2 \times$ 植被	0.090 ns	0.051 ns	0.459 ns	0.462 ns	1.141 ns
$O_2 \times CO_2 \times$ 植被	0.187ns	0.294 ns	0.533 ns	0.082 ns	0.299 ns

注：表中 20.59±2.19 表示平均值 ± 标准差，同列数据后不同字母表示差异显著性水平，小写字母为 $P<5\%$。* 和 ** 分别代表 $P<5\%$ 和 $P<1\%$ 水平上差异显著，ns 表示差异不显著（$P>5\%$）。

土壤中轻质有机碳（LFOC）也受通气和植被处理的显著影响（表9-6）。类似地，不同处理之间LFOC含量的显著性差异随时间推移增大。在2019年秋季、2019年冬季和2020年夏季，P1处理下LFOC含量最高。最低的LFOC值出现在P3和N3处理下。在单因素分析中，注入O_2对LFOC含量在2020年冬季至2021年夏季期间具有极显著影响（$P<0.01$）。植被覆盖在2021年春季至2021年夏季期间对LFOC有显著影响（$P<0.05$）。交互作用分析发现，只有O_2和CO_2注入对LFOC含量在2020年秋季和2021年春季有显著影响。

表9-7显示，处理之间对可溶性有机碳（DOC）含量的显著性差异随时间推移逐渐扩大。在2019年夏季、秋季和2020年夏季、夏季，P1处理下DOC含量最高。2020年春季和夏季，N3处理下的DOC含量最低。单因素分析中，注入O_2在2019年冬季至2020年夏季期间对土壤DOC有显著影响，植被处理在2020年春季至2020年夏季期间对DOC也有显著影响。交互作用分析发现，土壤中注入O_2和CO_2的组合对2019年夏季至2019年秋季的DOC有显著影响。O_2、CO_2和植被在2019年冬季对DOC具有极显著影响（$P<1\%$）。

表 9-6　不同土壤孔隙间气体处理对轻质有机碳（$mg \cdot g^{-1}$）的影响

处理	2019 夏季	2019 秋季	2019 冬季	2020 春季	2020 夏季
P–CK	10.67 ± 0.18a	10.15 ± 0.36ab	10.44 ± 0.14bc	11.23 ± 0.47bcd	11.87 ± 0.44bc
P1	10.87 ± 0.19a	11.12 ± 0.36a	11.39 ± 0.21a	12.13 ± 0.19ab	13.45 ± 0.12a
P2	10.55 ± 0.63a	10.1 ± 0.29ab	11.29 ± 0.38ab	11.4 ± 0.43bc	12.59 ± 0.86ab
P3	10.61 ± 0.26a	9.8 ± 0.22b	10.32 ± 0.27c	10.35 ± 0.35d	10.55 ± 0.3de
P4	10.92 ± 0.4a	10.39 ± 0.5ab	10.33 ± 0.28c	10.89 ± 0.57cd	10.39 ± 0.23de
N–CK	10.45 ± 0.27a	10.26 ± 0.35ab	11.01 ± 0.72abc	11.66 ± 0.59abc	11.17 ± 0.48cd
N1	10.91 ± 0.52a	10.53 ± 0.56ab	11.28 ± 0.58ab	12.5 ± 0.2a	12.25 ± 0.54b
N2	10.66 ± 0.35a	10.13 ± 0.48ab	10.95 ± 0.42abc	11.82 ± 0.43abc	11.84 ± 0.31bc
N3	10.73 ± 0.14a	10.6 ± 0.44ab	10.18 ± 0.29c	10.8 ± 0.39cd	9.77 ± 0.27e
N4	10.56 ± 0.17a	10.52 ± 0.68ab	10.72 ± 0.2abc	11.38 ± 0.57bc	10.34 ± 0.45de
F–lalue					
O_2	0.060 ns	0.409 ns	18.549**	25.439**	103.156**
CO_2	0.400 ns	1.052 ns	0.020 ns	0.099ns	0.894ns

续表

处理	2019 夏季	2019 秋季	2019 冬季	2020 春季	2020 夏季
植被	0.248 ns	0.229 ns	0.542 ns	4.575*	11.565**
$O_2 \times CO_2$	1.068 ns	4.684*	1.570 ns	8.307**	3.486ns
$O_2 \times$ 植被	0.308 ns	2.815 ns	0.797 ns	0.033ns	1.565ns
$CO_2 \times$ 植被	0.336 ns	0.004 ns	0.156 ns	0.010 ns	1.767 ns
$O_2 \times CO_2 \times$ 植被	0.610 ns	2.123 ns	0.936 ns	0.000 ns	0.105 ns

注：表中 10.67 ± 0.18 表示平均值 ± 标准差，同列数据后不同字母表示差异显著性水平，小写字母为 $P<5\%$。* 和 ** 分别代表 $P<5\%$ 和 $P<1\%$ 水平上差异显著，ns 表示差异不显著（$P>5\%$）。

表 9-7　不同土壤孔隙间气体处理对可溶性有机碳（$mg \cdot kg^{-1}$）的影响

处理	2019 夏季	2019 秋季	2019 冬季	2020 春季	2020 夏季
P–CK	$86.06 \pm 6.06a$	$81.9 \pm 4.76ab$	$80.61 \pm 5.37b$	$98.85 \pm 5.76abc$	$105.92 \pm 7.45abc$
P1	$88.25 \pm 2.97a$	$86.3 \pm 2.64a$	$83.43 \pm 6.47ab$	$102.75 \pm 3.78a$	$112.26 \pm 4.7a$
P2	$83.48 \pm 1.56a$	$80.81 \pm 2.27ab$	$75.65 \pm 2.6b$	$103.32 \pm 7.55a$	$111.32 \pm 3.84ab$
P3	$81.3 \pm 4.61a$	$75.81 \pm 4.72b$	$81.07 \pm 2.17b$	$97.75 \pm 7.14abc$	$98 \pm 1.97d$
P4	$84.92 \pm 2.67a$	$85.44 \pm 2.68a$	$90.22 \pm 1.37a$	$97.52 \pm 3.09abc$	$104.16 \pm 4.12abc$
N–CK	$88.96 \pm 3.09a$	$82.06 \pm 3.24ab$	$79.58 \pm 1.88b$	$95 \pm 3.91abc$	$99.66 \pm 9.72bc$
N1	$87.28 \pm 0.73a$	$84.29 \pm 1.45ab$	$77.58 \pm 3.74b$	$101.13 \pm 2.92ab$	$104.82 \pm 5.84abc$
N2	$85.9 \pm 4.23a$	$80.19 \pm 0.76ab$	$83.01 \pm 4.13ab$	$90.73 \pm 3.34bcd$	$103.14 \pm 5.07abc$
N3	$81.77 \pm 5.08a$	$80.02 \pm 4.09ab$	$84.48 \pm 2.72ab$	$84.15 \pm 2.98d$	$95.34 \pm 1.32d$
N4	$88.03 \pm 2.8a$	$78.43 \pm 7.67ab$	$82.53 \pm 4.37ab$	$89.51 \pm 4.72cd$	$96.42 \pm 3.92d$
F-value					
O_2	1.429 ns	2.308 ns	5.971*	9.096**	12.439**
CO_2	0.252 ns	0.039 ns	0.404 ns	0.240 ns	0.188 ns
植被	1.040 ns	0.258 ns	0.203 ns	11.395 **	6.884*
$O_2 \times CO_2$	4.652*	5.081*	1.568 ns	2.421 ns	0.855 ns
$O_2 \times$ 植被	0.082 ns	0.001 ns	0.581 ns	0.593 ns	0.239 ns
$CO_2 \times$ 植被	0.659 ns	1.583 ns	0.077 ns	0.315 ns	0.297 ns
$O_2 \times CO_2 \times$ 植被	0.010 ns	2.592 ns	10.180**	2.974 ns	0.165 ns

注：表中 86.06 ± 6.06 表示平均值 ± 标准差，同列数据后不同字母表示差异显著性水平，小写字母为 $P<5\%$。* 和 ** 分别代表 $P<5\%$ 和 $P<1\%$ 水平上差异显著，ns 表示差异不显著（$P>5\%$）。

表 9–8 显示了不同处理对土壤微生物碳（MBC）的影响。在 2019 年秋季至 2020年夏季，P1 处理下MBC最高。N3 和N4 处理下的MBC值最低。在单因素分析中，注入不同O_2浓度对土壤MBC的影响在 2019 年冬季至 2020 年夏季期间具有极显著差异（$P<1\%$）。此外，植被处理对土壤MBC在 2020 年春季至 2020 年夏季期间也具有极显著差异（$P<1\%$）。交互作用分析发现，只有O_2和植被处理在 2020 年夏季对MBC有显着性影响。

表 9–8　不同土壤孔隙间气体处理对土壤微生物碳（$mg \cdot kg^{-1}$）的影响

处理	2019 夏季	2019 秋季	2019 冬季	2020 春季	2020 夏季
P–CK	185.57 ± 18.15a	180.01 ± 9.56ab	206.57 ± 9.33ab	234.14 ± 30.07ab	222.85 ± 8.81bc
P1	195.79 ± 10.57a	210.85 ± 4.4a	217.68 ± 10.66a	245.69 ± 4.84a	246.33 ± 8.15a
P2	183.9 ± 12.72a	189.26 ± 15.58ab	206.66 ± 11.55ab	236.43 ± 9.8ab	230.81 ± 3.84ab
P3	193.65 ± 5.83a	185.77 ± 13.96b	180.33 ± 12.42c	219.04 ± 15.7abc	209.72 ± 6.46bc
P4	211.15 ± 5.47a	199.18 ± 12.93ab	192.25 ± 1.42cd	235.22 ± 11.5ab	212.15 ± 4.53bc
N–CK	188.43 ± 20.08a	190.16 ± 2.91ab	212.53 ± 8.56ab	199.14 ± 17.1cd	207.55 ± 19.59c
N1	196.67 ± 12.68a	187.87 ± 10.95a	219.84 ± 9.22a	229.92 ± 4.53abc	226.66 ± 10.56abc
N2	201.83 ± 16.28a	209.83 ± 8.42ab	216.04 ± 9.76a	205 ± 11.34bcd	223.21 ± 4.14bc
N3	205.08 ± 10.57a	186.21 ± 6.3ab	198.61 ± 7.13abc	171.96 ± 12.12d	173.92 ± 5.07d
N4	194.56 ± 16.29a	187.48 ± 24.06ab	200.02 ± 7.54abc	182.95 ± 16.9d	178.41 ± 14.12d
F-value					
O_2	0.920 ns	2.502 ns	23.252**	12.783**	60.912**
CO_2	0.000 ns	0.369 ns	0.007 ns	0.054 ns	0.379 ns
植被	0.267 ns	0.010 ns	3.910 ns	27.214**	23.027**
$O_2 \times CO_2$	0.251 ns	0.334 ns	2.325 ns	4.133 ns	1.747 ns
$O_2 \times$ 植被	0.766 ns	0.128 ns	0.619 ns	2.986 ns	4.659*
$CO_2 \times$ 植被	0.161 ns	1.609 ns	0.032 ns	0.477 ns	0.520 ns
$O_2 \times CO_2 \times$ 植被	2.712 ns	5.058 ns	0.923 ns	0.121 ns	0.262 ns

注：表中 185.57±18.15 表示平均值 ± 标准差，同列数据后不同字母表示差异显著性水平，小写字母为 $P<5\%$。* 和 ** 分别代表 $P<5\%$ 和 $P<1\%$ 水平上差异显著，ns 表示差异不显著（$P>5\%$）。

9.4 讨论

9.4.1 土壤孔隙 O_2 和 CO_2 对不同土壤通气和植被处理的响应

对先前文献进行了详尽的检索，没有发现有关不同浓度的 O_2 或 CO_2 注入土壤对孔隙间 O_2 或 CO_2 浓度影响的报道，因此无法将图 9-3 及图 9-4 中呈现的结果与其他研究人员的类似测量结果进行比较。本试验的结果证实了先前的假设的有效性，即注入土壤的 O_2 和 CO_2 的变化导致了土壤孔隙中 O_2 和 CO_2 的变化（图 9-3，图 9-4）。

前人研究表明，根区通气可增加土壤中 O_2 浓度[1][2]。巴勒姆（Baram）等人[3]发现，施用纳米气泡法增氧可提高土壤孔隙间的 O_2 浓度。朱（Zhu）等人[4]证明加气灌溉处理显著增加了土壤中的 O_2 浓度。欧阳（Ouyan）等[5]人研究表明，土壤孔隙间高浓度的氧可显著促进温室番茄的生长、光合作用、产量和品质。然而，所有现有的研究都没有定量注入土壤孔隙间的 O_2 或 CO_2 的浓度。本研究首次报告了定量注入土壤的 O_2 和 CO_2。尽管土壤是一种开放介质，但注入土壤的不同浓度的 O_2 或 CO_2 仍然可在土壤中滞留一段时间。我们观察到，直接注入土壤的 O_2 浓度能够影响到土壤孔隙间 O_2 的浓度。有趣的是，土壤孔隙中的 O_2 浓度在冬季较高，在夏季较低。相反，孔隙中的 CO_2 浓度在冬季较低，在夏季较高。我们推测，夏季土壤温度升高，促进植物根系、土壤动物和微生物的活动，这些活动将消耗更多的 O_2 并产生更多的 CO_2。因此，土壤中的 O_2 和 CO_2 浓度呈相反的关系（图 9-5）。

①BEN-NOAH I, FRIEDMAN S P. Aeration of clayey soils by injecting air through subsurface drippers: Lysimetric and field experiments[J]. Agricultural Water Management, 2016, 176: 222-233.

②OUYANG Z, TIAN J C, YAN X F, et al. Effects of different concentrations of dissolved oxygen or temperatures on the growth, photosynthesis, yield and quality of lettuce[J]. Agricultural Water Management, 2020, 232: 106072.

③BARAM S, EVANS J F, BEREZKIN A, et al. Irrigation with treated wastewater containing nanobubbles to aerate soils and reduce nitrous oxide emissions[J]. Journal of Cleaner Production, 2021, 280: 124509.

④ZHU Y, DYCK M, CAI H J, et al. The effects of aerated irrigation on soil respiration, oxygen, and porosity[J]. Journal of Integrative Agriculture, 2019, 18(12): 2854-2868.

⑤OUYANG Z, TIAN J C, YAN X F, et al. Effects of different concentrations of dissolved oxygen or temperatures on the growth, photosynthesis, yield and quality of lettuce[J]. Agricultural Water Management, 2020, 228: 105896.

9.4.2 土壤酶活性对不同土壤通气和植被处理的响应

奥利维拉（Oliveira）研究指出，O_2通过影响三磷酸腺苷合成来控制生化反应和能量产生，这构成了整个植物新陈代谢的核心[1]。根据微生物对氧气（O_2）的响应将其划分为厌氧型和好氧型两大类[2]。土壤酶主要来自根系分泌物和土壤微生物[3]。先前的研究表明，土壤通气可以显著影响土壤酶活性和土壤细菌多样性[4]。在本研究中，随着注入土壤的O_2浓度的增加，蔗糖酶、多酚氧化酶、转化酶和过氧化氢酶活性升高（表9-4）。与之前研究相一致。如表9-4所示，夏季植被覆盖处理能显著增加脲酶、磷酸酶和转化酶的活性，冬季则无显著影响。我们推测，在夏季，植物根系的生理和生化活动比冬季更高，因此对夏季土壤酶活性有显著影响。这也解释了O_2和植被的交互作用对蔗糖酶、多酚氧化酶、脲酶和磷酸酶在夏季有显著影响。

通常情况下，CO_2会抑制生物的好氧呼吸。高浓度的CO_2直接攻击甚至杀死微生物[5]。然而，在本研究中，CO_2对五种酶（蔗糖酶、脲酶、磷酸酶、转化酶和过氧化氢酶）没有显著影响。这可能是因为CO_2的浓度不足以影响土壤酶。本研究的结果表明，CO_2浓度不超过0.4%对土壤酶活性无显著性影响。

9.4.3 土壤碳对不同土壤通气和植被处理的响应

土壤环境从好氧条件转变为厌氧条件可能会引发一系列的土壤物化和生物学变化，包括电子受体浓度、氧化还原电位、pH、金属离子和有机化合物的迁移，以及微生物

---

①OLIVEIRA H C，FRESCHI L，SODEK L. Nitrogen metabolism and translocation in soybean plants subjected to root oxygen deficiency[J]. Plant Physiology And Biochemistry，2013，66：141-149.

②BIGGS-WEBER E，AIGLE A，PROSSER J I，et al. Oxygen preference of deeply-rooted mesophilic thaumarchaeota in forest soil[J]. Soil Biology & Biochemistry，2020，148：107848.

③WEI Z，WANG J J，FULTZ L M，et al. Application of biochar in estrogen hormone-contaminated and manure-affected soils：Impact on soil respiration，microbial community and enzyme activity[J]. Chemosphere，2021，270：128625.

④OUYANG Z，TIAN J C，YAN X F，et al. Effects of different concentrations of dissolved oxygen or temperatures on the growth，photosynthesis，yield and quality of lettuce[J]. Agricultural Water Management，2020，228：105896.

⑤SCHULZ A，VOGT C，RICHNOW H H. Effects of high CO_2 concentrations on ecophysiologically different microorganisms[J]. Environmental Pollution，2012，169：27-34.

群落的组成和活性的改变[①]。厌氧条件通过降低土壤有机碳的物理保护，加速了土壤有机碳矿化作用[②]。关于O_2对土壤有机碳循环的影响研究主要集中在湿地和稻田土壤中[③]。先前的研究证实，湿地会增加土壤有机碳的分解[④]。科廷（Curtin）[⑤]证实，较小的孔隙容积会降低土壤有机碳的矿化速率并降低微生物生物量。研究的结果表明，较高的O_2浓度土壤在2019年秋季到2019年冬季期间会降低土壤有机碳含量，而在2020年春季到2020年夏季期间会增加土壤有机碳含量。据此可推测，2019年较低的土壤有机碳含量是由于好氧环境下分解速率较慢所致。然而，O_2促进了植物生长。好氧环境下较高的根系活性和较大的根系生物量也有助于提高土壤有机碳含量。因此，在2020年期间，注入高浓度O_2会增加土壤有机碳含量。研究还发现，在较高O_2处理下，LFOC、DOC和MBC都有所增加，并且随着时间的推移显著性增加。因此，我们推测O_2增强了微生物活性并加速了碳矿化的速率。此外，植被处理增加了土壤有机碳、可溶性有机碳和微生物生物量（表9-5、表9-7和表9-8）。主要是由于植被的存在提高了有机碳的来源，如凋落物和根系分泌物。此外，根际微生物活跃度增加，好氧微生物可高效利用植物残留物作为呼吸底物。

9.5 小结

这项研究证实土壤孔隙间氧浓度可影响土壤微生物的活性，进而影响碳的转化速率和稳定性。尽管土壤是开放介质，但注入O_2或CO_2可改变土壤孔隙间O_2或CO_2浓

①SÁNCHEZ-RODRÍGUEZ A R，NIE C R，HILL P W，et al. Extreme flood events at higher temperatures exacerbate the loss of soil functionality and trace gas emissions in grassland[J]. Soil Biology & Biochemistry，2019，130：227-236.

②HUANG W J，YE C L，HOCKADAY W C，et al. Trade-offs in soil carbon protection mechanisms under aerobic and anaerobic conditions[J]. Global Change Biology，2020，26（6）：3726-3737.

③FREEMAN C，OSTLE N J，FENNER N，et al. A regulatory role for phenol oxidase during decomposition in peatlands[J]. Soil Biology & Biochemistry，2004，36（10）：1663-1667.

④JIA B，NIU Z Q，WU Y N，et al. Waterlogging increases organic carbon decomposition in grassland soils[J]. Soil Biology & Biochemistry，2020，148：107927.

⑤CURTIN D，BEARE M H，HERNANDEZ-RAMIREZ G. Temperature and moisture effects on microbial biomass and soil organic matter mineralization[J]. Soil Science Society of America Journal，2012，76（6）：2055-2067.

度，从而影响土壤蔗糖酶、多酚氧化酶、转化酶和过氧化氢酶活性。不同土壤的孔隙间氧浓度对SOC、LFOC、DOC和MBC有显著影响，且不同处理对这些参数影响随着时间推移逐渐扩大。此外，这项研究还发现植被处理增加了土壤DOC、MBC和SOC。孔隙间CO_2含量从0.03%增加到0.4%对土壤微生物、土壤酶和土壤有机碳的转化没有显著性影响。

第十章
主要结论与展望

10.1 主要结论

通过大棚甜瓜和番茄实验及温室盆栽番茄试验，利用气泵借助地下滴灌带对土壤加气，对种植地土壤微生物数量、土壤酶活性、植株根系物理形态、叶片光合作用、作物产量及品质进行了系统的研究，阐明了土壤微生物、土壤酶及作物对加气灌溉的响应规律，并探讨了根区加气对黏壤土和盐渍土种植下作物增产及品质提升的内在机理（图10-1）。为黏壤土和盐渍土农田土壤生产力提升、养分资源高效利用提供相关理论依据，具有一定科学及应用价值。得到如下主要成果和结论：

10.1.1 根区加气提高土壤微生物数量、增强土壤酶活性

营造适宜的土壤水、气环境可提高作物根际土壤微生物数量，使根际土壤酶活性维持在较高的水平，进而促进有机质转化并提高了植株对养分的利用效率。本试验表明，加气灌溉能够显著提高大棚甜瓜及番茄种植下根际土壤微生物数量、土壤酶活性。同时，也能够提高番茄种植下非根际土壤酶活性，但对非根际土壤酶活性的影响小于根际土壤酶。

通过正交试验发现，甜瓜种植下试验中所考虑的三因素对细菌、放线菌数量影响由大到小依次为加气频率、滴灌带埋深和灌水上限，对过氧化氢酶活性、脲酶、真菌数量影响由大到小依次为滴灌带埋深、加气频率和灌水上限。每天加气1次土壤脲酶活性最高、细菌数量最多，每2 d加气1次土壤过氧化氢酶活性最高、真菌数量最多，每4 d加气1次土壤放线菌数量最多；灌水至田间持水率的80%过氧化氢酶活性、放线菌数量最多，灌水至田间持水率的90%，脲酶活性、细菌及真菌数量最多。番茄种植

下三种根际土壤酶在全生育阶段均呈先升高后降低趋势。

10.1.2 根区加气促进甜瓜根系生长

本试验表明，加气灌溉对甜瓜根系形态及活力均有显著影响，试验中三因素对甜瓜根系形态和活力的影响大小顺序依次为加气频率、滴灌带埋深和灌水上限。滴灌带埋深为 40 cm 时，根系形态特征最优，而滴灌带埋深为 25 cm 时根系活力最高。加气能够极显著的提高直径小于 1 mm 的细根。灌水上限对直径大于 3 mm 的粗根根长和根系表面积有显著影响。试验处理对直径 1~3 mm 之间的根系影响较小。适宜频率的根区加气能够提高大棚甜瓜的总根长、总表面积、总体积及根系活力，并能够极显著地提高直径小于 1 mm 的细根根长。根系表面积的提高增加了根系与土壤的接触面积，使植株有更多的机会从土壤中获取水分和养分。根系活力的提高使得根系对水分和养分的摄取能力得到提升。试验还发现，过高的加气频率能够抑制根系的分叉。

10.1.3 根区加气增强植株光合作用，增加植株干物质积累

根区加气能够改善土壤气体环境，可能引起植株体内 ABA 含量的降低，促使叶片气孔导度增加，气孔限制值升高，胞间 CO_2 升高，提升叶片光合速率。本试验表明，加气灌溉对甜瓜及番茄叶绿素含量、光合作用、干物质积累均有显著影响，对番茄叶面积指数无显著影响。加气灌溉条件下甜瓜、番茄干物质积累、净光合速率、叶绿素指标存在正相关关系，改善根区气体环境能够显著提高叶片叶绿素含量及光合反应速率，增加干物质积累及产量。试验三因素对甜瓜光合指标的影响大小顺序依次为加气频率、滴灌带埋深和灌水上限。

甜瓜种植下，每天加气 1 次叶面积指数、叶绿素含量、净光合速率及干物质积累最高；生育前期 10 cm 埋深处理净光合速率及叶绿素含量最高，但后期 40 cm 埋深处理净光合速率、叶绿素含量及叶面积指数最大；番茄种植下，15 和 40 cm 滴灌带埋深下，随加气量的升高净光合速率总体上呈先升高后降低趋势，标准加气量下净光合速率较不加气处理提高 21.4% 和 65.0%。滴灌带埋深为 15 cm，随加气量的升高叶绿素 a、干物质积累及产量呈先升高后降低趋势，标准加气量处理较不加气处理分别提高 38.0%、55.4% 和 59.0%；40 cm 滴灌带埋深下，叶绿素 a、干物质积累及产量随加气量的升高而升高，1.5 倍标准加气量处理较不加气处理分别提高 33.7%、36.2% 和 105.4%。

10.1.4 根区加气提高作物产量并改善品质

根区加气能够提高黏壤土条件下大棚甜瓜及番茄产量和品质。试验三因素对甜瓜果实形态、品质和产量影响的大小顺序依次为：加气频率、滴灌带埋深和灌水上限。对甜瓜灌溉水分利用效率影响的大小顺序依次为：灌水上限、加气频率和滴灌带埋深。

加气处理能够增加甜瓜果肉厚度、果实横、纵径，提高单果质量及水分利用效率。对于甜瓜品质，加气处理能够提高TSS含量、维生素C和可溶性总糖含量。滴灌带埋深25 cm，每天加气1次，灌水控制上限为田间持水量的70%处理甜瓜产量、可溶性糖含量及水分利用效率最高。滴灌带埋深25 cm，每天加气1次，灌水上限为田间持水量的80%处理下甜瓜果实形态、TSS含量达最高值。滴灌带埋深25 cm，每天加气1次，灌水控制上限为田间持水量的90%处理下甜瓜维生素C含量最高；滴灌带埋深40 cm处理，番茄产量及品质指标随加气量的升高而升高；滴灌带埋深15 cm下，随加气量的升高呈先升高后降低趋势。

10.1.5 根区加气对盐胁迫下番茄的补偿效应

盐胁迫抑制了植株的生长并降低了植株各部分干物质积累量及产量。根区加气处理对盐胁迫番茄的生长具有补偿效应，可显著提高番茄的株高、茎粗、各部分干物质积累和产量，增加根系干重在总干重中所占的比例。在29~75 mM Na^+胁迫范围内，根区加气可提高果实总固形物、维生素C、可溶性糖、番茄红素含量，显著降低番茄可滴定酸。

在陕西关中地区黏壤土条件下大棚甜瓜、番茄种植推荐使用加气灌溉技术。对产量、品质、水分利用效率、经济效益等综合考虑，推荐滴灌带埋深25 cm，每天加气1次，灌水上限为田间持水量的70%处理组合为陕西关中地区大棚甜瓜适宜的加气灌溉方式；大棚番茄种植下，滴灌带埋深40 cm，标准加气量和1.5倍标准加气量处理下加气番茄均获得较高的产量。其中滴灌带埋深40 cm、以标准加气量进行加气，种植番茄能够获得最大的经济效益；盐胁迫条件下，当Na^+浓度不超过29 mM时，根区加气可克服盐胁迫对番茄植株干物质积累量和产量的影响；Na^+浓度为75 mM时，加气处理可缓解盐胁迫对番茄植株的危害；当Na^+浓度为121 mM时，根区加气可提高盐胁迫下番茄的存活率。

10.1.6 对土壤碳循环的影响

土壤微生物的活性受到土壤孔隙间氧浓度的影响，进而影响碳的转化速率和稳定性。尽管土壤被视为开放介质，但注入O_2或CO_2可以改变土壤孔隙间对应气体的浓度。这一变化进一步增强了土壤中蔗糖酶、多酚氧化酶、转化酶和过氧化氢酶的活性。此外，注入不同土壤样本的孔隙间氧气浓度对土壤有机碳（SOC）、低分子有机碳（LFOC）、可溶性有机碳（DOC）和微生物生物量碳（MBC）等指标产生了明显影响，并且随着时间推移，不同处理间对碳指数的显著性影响逐渐加大。此外，研究还发现植被处理增加了土壤中DOC、MBC和SOC含量。然而，孔隙间CO_2浓度从0.03%增加到0.4%并没有对土壤微生物、土壤酶和土壤有机碳的转化产生明显影响。本研究提供了关于土壤有机碳对孔隙O_2变化的重要证据，对于理解土壤碳循环、土壤健康和生态系统的可持续性具有重要意义。此外，进一步研究孔隙O_2对土壤生态系统功能的影响将有助于改进土壤管理和土壤碳储存策略。

10.2 研究发现

（1）从加气灌溉改变土壤酶活性和养分循环角度揭示了加气灌溉促进植株生长的机理。对根区加气可使土壤酶活性保持在较高的水平，加速了土壤有机质的转化并提高植株对养分的利用效率。本研究发现，每天加气1次处理甜瓜根际土壤脲酶、过氧化氢酶活性分别较不加气处理提高28%和6%。

（2）初步探明了根区加气灌溉对根系生长的影响及提高土壤水肥利用效率的机制。本研究发现，每天加气1次甜瓜总根长和总表面积较不加气处理分别提高83%和63%。根区加气灌溉显著提高了根系表面积，增加根系与土壤的接触面积，因此，植株有更多的机会从土壤中获取水分和养分。

（3）从光合作用角度阐述了根区加气提高叶片光合作用的生理机制。对甜瓜和番茄根区加气叶片气孔导度平均提高44%和11%，因而加速了光合反应速率。

（4）通过分析多参数及其交互作用下"土壤-水分-气体"对作物产量、品质及水分利用效率的提升。筛选出了科学合理的加气灌溉技术参数，确立适宜的加气灌溉制度，为黏壤土甜瓜、番茄种植提供基本理论依据。

（5）综合以上研究发现，加气灌溉增产机理示意图如图10-1所示。

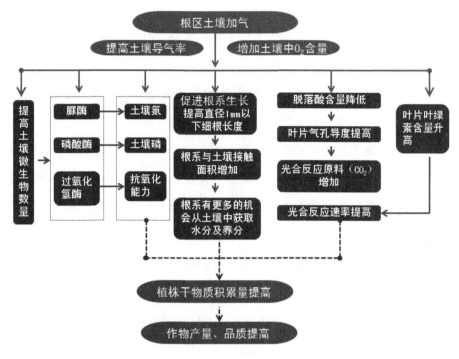

图 10-1 加气灌溉增产机理示意图

10.3 展望

本研究从土壤酶活性、植株根系及光合作用角度对加气灌溉增产机理进行了揭示，并对作物产量、品质及水分利用效率等进行分析，提出了当地适宜的加气灌溉制度。但实验中没有直接对土壤气体含量进行测定，是本研究的不足之处之一。其次，没有对土壤养分及植株体内相关激素进行测定，使得在论证过程中说服力不够充分。在此，为今后研究提出几点建议：

（1）应从植株表观形态、产量、品质等向激素调节、过氧化物及抗氧化酶系变化、基因调控、细胞信号转导等方向转化，进一步明确加气灌溉改善作物品质，提高作物产量的生理生化机制，重点研究加气灌溉对作物根系水肥吸收机制以及作物生理机能变化的影响。展望未来，研究加气灌溉对作物的生理生化机制以及作物品质和产量的影响是重要的研究方向。目前，对于加气灌溉对作物形态、产量和品质的影响还不完全明确，需要从更深层次的生理生化机制来研究。可以通过测量植株的激素水平、过氧化物的积累和抗氧化酶系统的活性等指标，来了解加气灌溉对作物生理过程的影响。此外，还可以研究加气灌溉是否会引起基因表达的变化，以及细胞信号转导通路是否会受到影响。另外，需要进一步研究加气灌溉对作物根系水肥吸收机制的影响，该研究可以探索加气灌溉如何影响作物根系的形态和功能，从而提高作物的水肥利用效率和养分吸收能力。

（2）加气灌溉技术标准化研究，确定适合不同需求的加气灌溉标准化技术和参数，化学加氧需考虑作物时空上对氧的不同需求及过度灌溉对作物的胁迫作用，从而确定用量、浓度及施用时间。未来的研究应该在加气灌溉技术标准化方面进行更深入的研究，以确定适合不同需求的加气灌溉标准化技术和参数。标准化技术和参数的确定需要考虑到作物对氧的不同需求，并结合过度灌溉对作物的潜在胁迫作用。具体来说，研究者可以确定适当的加气灌溉用量、浓度和施用时间，以满足作物在不同生长阶段对氧和水的需求。这将有助于最大限度地提高加气灌溉的效果，提高作物的生长和产量。

（3）开展根区加气灌溉潜在危害研究，如过量加气对土壤微生物群落的破坏、对作物根系生长的负面影响等。进一步的研究还应该关注根区加气灌溉可能带来的潜在危害。例如，要对过量加气对土壤微生物群落的破坏进行研究，了解加气灌溉是否会对土壤中的微生物群落造成不利影响，从而影响土壤生态系统的健康和功能。此外，需要进一步研究过量加气对作物根系生长的负面影响。加气过多可能导致氧浓度过高，对作物根系造成氧胁迫，从而影响其生长和发育。因此，需要深入研究加气灌溉对作物根系生长的影响机制，并采取相应措施来减少潜在危害。

（4）探索土壤增氧技术对不同土壤类型和植被类型的适应性和效果差异是未来研究的重要方向之一。不同土壤类型和植被类型具有不同的物理、化学和生物特性，因此对土壤增氧技术的响应也可能存在差异。通过在不同土壤类型和植被类型上进行实验和观测，可以了解土壤增氧技术在不同环境条件下的适应性和效果差异，并为其在不同地区的应用提供科学依据。此外，深入研究土壤增氧技术对不同土壤类型和植被类型的适应性和效果差异，还可以为优化土壤增氧技术的设计和应用提供指导。

（5）开展长期观察和评估，了解土壤增氧技术的持久性和可持续性是未来研究的另一个重要方向。目前的研究主要集中在短期实验和观测，缺乏对土壤增氧技术的长期观察和评估。长期观察可以更好地了解土壤增氧技术对土壤生态系统的长期影响，并评估其持久性和可持续性。例如，长期观察可以揭示土壤增氧技术对土壤有机碳储存和氮循环的影响是否会随着时间的推移而发生变化。此外，长期观察还可以评估土壤增氧技术对土壤生物多样性和生态系统功能的长期影响，从而为土壤管理和生态系统保护提供科学依据。

（6）进行大规模的实际应用试验，评估土壤增氧技术在农田和生态系统中的效果和经济效益是未来研究的另一个重要方向。目前的研究主要集中在实验室或小尺度的田间试验，缺乏对土壤增氧技术在实际应用中的研究。大规模的实际应用试验可以更真实地模拟土壤增氧技术在农田和生态系统中的应用情况，评估其效果和经济效益。例如，可以评估土壤增氧技术对农作物生长和产量的影响，以及其对土壤质量和农田生态系统功能的影响。此外，还可以评估土壤增氧技术在不同农田和生态系统中的经济效益，从而为农民和决策者提供科学依据，推动土壤增氧技术的实际应用和推广。